乐之者说

[美] 周耀旗 著

出 发

不断走出舒适区的
科研生活之旅

上海科学技术出版社

图书在版编目（CIP）数据

出发：不断走出舒适区的科研生活之旅 /（美）周耀旗著. -- 上海：上海科学技术出版社，2024.4（2025.8重印）
ISBN 978-7-5478-6589-7

Ⅰ.①出… Ⅱ.①周… Ⅲ.①成功心理－通俗读物 Ⅳ.①B848.4-49

中国国家版本馆CIP数据核字(2024)第092821号

责任编辑　季英明
特约编辑　戴　薇
装帧设计　蒋雪静

出发
——不断走出舒适区的科研生活之旅
周耀旗　著

上海世纪出版(集团)有限公司 出版、发行
上海科学技术出版社
(上海市闵行区号景路159弄A座9F-10F)
邮政编码201101　www.sstp.cn
常熟市华顺印刷有限公司印刷
开本 787×1092　1/16　印张 16.5
字数 200千字
2024年4月第1版　2025年8月第2次印刷
ISBN 978-7-5478-6589-7/N·273
定价：69.00元

本书如有缺页、错装或坏损等严重质量问题，请向印刷厂联系调换

赞誉

耀旗在蛋白质结构预测方面的卓越贡献令人印象深刻。人生旅程中，他从一个年轻无知的小学生，成为一名世界著名科学家，其中充满挫折、失败和成功，他靠"出发"挑战自己，真正实践了他的座右铭"成功是建立在失败的长期堆积和发酵上的"。他的宝贵经验对年轻读者一定会有很大的帮助和启示。

潘毅
美国医学与生物工程院院士、欧洲科学与艺术院院士
俄罗斯工程院外籍院士、乌克兰国家工程院外籍院士
深圳理工大学（筹）计算机科学与控制工程院院长

耀旗是我在美国印第安纳大学信息学院工作时的同事，也是当年入选哈佛大学中美合作化学研究生项目的同一批同学。亲眼目睹了他当时主动跨学科与我们生物化学和分子生物系多位同事合作并取得成绩。本书描述了他不断走出自己研究的舒适区、开创新天地的体会，非常值得年轻人一读。

张仲寅
美国普渡大学药物化学和分子药理学系主任
普渡大学药物发现研究所所长

与耀旗熟识 20 余年，深知他为人正直、谦逊。作为科研小同行，更钦佩他的写作天赋与分享经验的无私和真诚。本书是他跨越中国、美国、澳大利亚高校和产业的科研生涯的真实写照，还原了 1960 年代出生的中国科研工作者在追求科学的道路上所经历的种种挑战。

周如鸿
浙江大学生命科学学院院长
上海高等研究院院长

从中国的农村到一流的高等学府，再到国外的名校，兜兜转转回到国内，落脚深圳；从大学到创业公司再回到大学，年近花甲进入新的研究领域、开始创业；从统计力学理论到分子模拟，再到人工智能创新产业；从一个不知道石溪分校和哈佛大学哪个更值得选择的第一次开眼望向世界的青年学生，到成为两个名校学子的父亲……作者传奇的经历正是改革开放后的一代中国留学生和学者奋力拼搏的缩影，其中有努力、希望、心酸、无奈、失败和成功；有时代赋予的机会、成长伴随的困惑；有跌倒、爬起、再跌倒、再爬起的顽强；也有在受人帮助和帮助他人中所感受到的温暖。在情感极度丰盈的写作里，我们读到最多的是作者对学业事业思考所带来的智慧成长、由对亲人、老师和朋友的热爱所织成的有厚度的人生。时光流逝让人不再年轻，但不会改变他的激情和勇敢；基于善心的努力不但塑造成长和创造的机会，还使人欢欣、幽默和安详。新的科研如此有趣、富有挑战，背起书包"出发"吧，那个永远的少年！

高毅勤
北京大学化学与分子工程学院教授
北京大学生物医学前沿创新中心研究员
北京未来基因诊断高精尖创新中心研究员

序一

第一次与耀旗见面是在香港的一次会议上,后来在厦门的理论化学会议再次见面,并进一步了解到他在蛋白质结构预测方面的工作非常系统、独特、有创新性。于是我就邀请他围绕他报告的内容给我作为副主编的期刊 *Theoretical Chemistry Accounts* 写一篇综述文章。他爽快地答应了,很快写出了一篇关于无结构碎片蛋白质结构预测方法的综述(发表于 2011 年)。蛋白质结构预测当时被以模板或者结构碎片组装为基础的方法所主导。耀旗很有远见地推出无结构碎片蛋白质结构预测这个新方向,认为它跟以结构碎片组装为基础的方法相比,有着无可比拟的优势。而后的结构预测精度的大幅度提升证实了这个预言,包括 2018 年的基于角度和距离的无结构碎片蛋白质结构预测方法 AlphaFold,以及 2020 年端到端蛋白质结构预测方法 AlphaFold 2。而他所开拓的蛋白质主链二面角的真实数值预测,为 AlphaFold 和端到端蛋白质结构预测打下了基础。除此之外，他在蛋白质统计能量函数、利用人工智能的蛋白质设计，以及RNA结构预测方面的研究都有从0到1的开创性成就。

我自己研究兴趣的一部分是发展蛋白质和多肽分子力场及其在蛋白质结构与功能预测上的应用，所以一直在关注和跟踪耀旗的工作。他从美国布法罗、印第安纳，再到澳大利亚黄金海岸，我看到他的研究领域在不断地拓宽，特别是2013年到了澳大利亚开始将计算与实验结合之后，工作更是突飞猛进。

2018年我与北京大学的同事一起开始策划并创办了深圳湾实验室（生命信息与生物医药广东省实验室），从一开始，耀旗就是我积极想争取其回国的资深人才之一。我很高兴他在2021年3月疫情期间毅然回国，成为深圳湾实验室最早全职回来的资深研究员，起到了带头作用。3年来，他如鱼得水，获得了国家级、省级多个重点项目的支持，建立了深圳湾实验室迄今为止最大的团队，而且这个团队是集人工智能计算、生物实验、化学合成，以及软件与硬件开发为一体的多学科交叉研究组。各方面进展顺利，初见成效。特别值得一提的是，他作为创始人之一的砺博生物公司成为深圳湾实验室第一个孵育转化的企业，相信他今后的工作会给我们更多的惊喜。

除了科研工作之外，耀旗在2007年写的一篇关于"写好英语科技论文的诀窍"的文章，在国内网上流传甚广。这篇文章第一次从读者和评审两个角度来分析科技论文的写作，成为科技写作的经典文章。他从2010年9月起开始在科学网写博客，坚持了10多年，至今有260多万人次的访问量。这本书就是把他在科学网上的100多篇博客文章内容经过精选、整理汇编而成的。

这本书有六大部分：从他成长的旅程开始，讲人生故事、科研体会、时事评述、问答，再到英语科技论文写作。从科研工作、日常生活，到家庭子女教育，有多方面的内容，可以说是包罗万象，每个人都可从中获得不同的体验和感悟。我特别喜欢这本书的立足点，关注的不是他的成功之路，而是他多次失败的教训，以及在失败中表现出来的坚韧不拔的精神。还有一点是《出发》这本书的本意，它是鼓励大家勇于追求创新的土壤、超越自己，追求事业和家庭的平衡。他两个孩子在不断变换的环境里茁壮成长，分别去哈佛大学、麻省理工学院读本科，也证明了读书和阅历相辅相成、缺一不可。这本书对人生和科研工作都有独到见解，其中的丰富经验与教训一定会给年轻人，特别是从事科研工作的年轻人，以及初为父母的家长，带来新的启发。

吴云东
中国科学院院士
北京大学教授、理论有机化学家

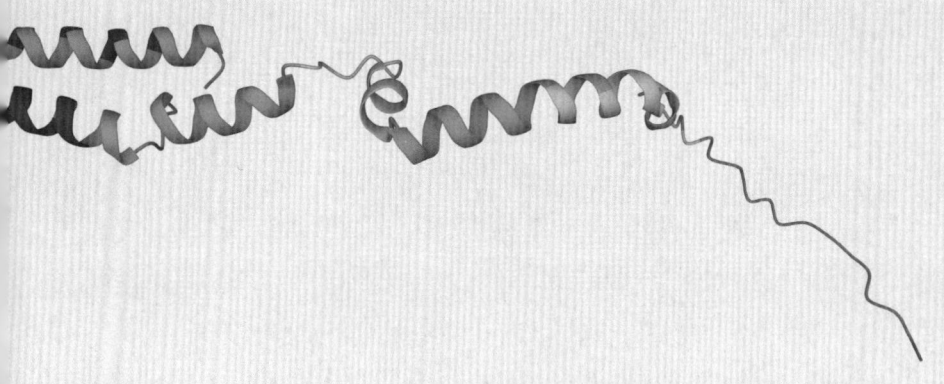

序二

前几天,周耀旗教授将他的大作《出发:不断走出舒适区的科研生活之旅》校样用微信发给我,希望我作个序。我当时的第一反应是拒绝,因为我虽然写过一些八股式的科研论文,也为专业科学杂志的论文专辑写过前言,但从来没有为别人的书写过序,甚至没有想过会有人请我为书作序,深恐因为我的几行字影响了读者的情绪。但耀旗坚持说:"你先读一遍,而后写几句批评意见即可。"盛情难却,我当晚睡觉前打开了这本书。原以为我这个五毒不侵、油盐不进的老家伙要经历一次心灵鸡汤的洗礼,还要受些"煎熬"才能读完这本书,但结果是一口气读完了前三章,直到凌晨两点,在太太的一再催促下才不得不停下来去睡觉,第二天晚饭后读完了全书。

耀旗用不加修饰、朴实无华、略带随性的语言,叙述了他的人生经历、求职历程、科研体会以及给科研人的建议和忠告,展现了他的人生观、价值观、家庭和社会责任观，引起了我这个同代人的强烈共鸣。我非常赞同他的观点：人一定要勇敢地走出自己的舒适区，不断走进全新挑战区去发现、发挥自己的潜能、建立自信心，才能取得突破和成功。我特别期待比我们年轻的读者，特别是在国外奋斗的青年学者，读过这本书后会有和我同样的感受和收获。

  我认识耀旗是在2013年，他加入格里菲斯大学黄金海岸校区后。因为我们的办公室在同一栋楼的上下层，经常有机会聊天。虽然我俩同是学化学的，因为研究领域非常不同，所以总能从他那里学到与他的研究领域相关的新进展，以及他对新兴领域的评价和展望。印象特别深的是，差不多10年前他对大数据、机器学习和人工智能相结合后可能对化学、制药和生物合成领域产生的变革性影响的预见。令我特别钦佩的是，耀旗当年真的走出他所在的已被学术界高度认可的舒适研究领域，进入利用融合大数据、机器学习和人工智能方法来实现生物合成产物预测的极具挑战性的研究领域。当他几年前和我讨论离开他创建的并已具规模的格里菲斯大学研究团队回中国再创辉煌时，我再次为他的勇气和那种永不消减的旺盛精力和战斗精神而折服。

  答应过耀旗只写几句话，就此打住，留出时间给读者享受阅读本书的愉悦。

赵惠军博士

澳大利亚科学院院士、澳大利亚技术科学与工程院院士

澳大利亚格里菲斯大学教授

序三

认真读完中国科学技术大学近代化学系校友周耀旗写的《出发：不断走出舒适区的科研生活之旅》，印象深刻，十分感动。

本书讲述了他在江苏农村度过的小学与中学时光，以及通过努力在1979年通过高考进入中国科学技术大学学习、1984年通过中美合作化学研究生项目考试赴美国纽约州立大学石溪分校化学系攻读博士学位的故事。他向我们讲述了他在美国北卡罗来纳州立大学、哈佛大学化学系、纽约州立大学布法罗分校医学院、印第安纳大学信息学院、澳大利亚格里菲斯大学的种种经历；和我们分享了其间无论是申请博士后职位、申请基金，还是申请正式终身教授职位时遇到的困难与挫折，或者是取得成绩的喜悦；向我们讲述了他四口之家的幸福生活，以及他的人生感悟——一个人无论遇到多少挫折都不应气馁，因为它们是通向成功的必经之路。

作者是一位优秀的科学家，他的科研生涯一直没有停息，从他熟悉的量子化学计算，到生物大分子的计算机模拟，再到国际CASP（Critical Assessment of Structure Prediction）蛋白质结构预测比赛获得第一名，及至将人工智能方法用于蛋白质和RNA结构预测。

作者根据自己几十年的科研和治学经验，除了总结出一系列宝贵的科研体会，还对科研方针政策提出了中肯的建议，这些无疑对读者会大有帮助。

最让我高兴的是，2023年作者回到了他阔别36年的祖国，全职来到深圳湾实验室。如他所说："这次回国工作对我来说是一次新的长征，因为我将不再局限于蛋白质/RNA的结构和功能预测以及设计的基础研究，而是想组建一个多学科交叉的团队，现在团队已经初步建成，计划通过AI（人工智能）计算与高通量实验结合，在基础、应用以及研究成果转化上齐头并进。"

让我们预祝作者及其团队取得更大成绩！希望如他所说：这次回国完全不是叶落归根，也不是人生故事的尾声；恰恰相反，过去的一切仅仅是一个前奏，真正的故事才刚刚开始。

施蕴渝
中国科学院院士
中国科学技术大学教授

前言

当年鲁迅先生留学日本，原计划学医，但是他发现做医生只能帮助人的身体健康，于是决定改用笔来唤醒一代人。同样，我们做科研的，所做的研究内容专而窄，由此而发表的文章有几十篇被引用就非常不错了。所以，在大多数情况下，做科研只能影响到同一个小领域的少量科研工作者。成为教授多年，我经常看到年轻的同学和学者正在犯我年轻时犯过的错误、走类似的弯路、踩进一样的坑。我个人科研成长的每一步，一直是在黑暗中摸索，一般都是经历失败的累积之后才能走出来，许多方面可以用作反面教材。虽然我达不到鲁迅先生一样的影响力，但能够影响几个人也是好的。所以，我从2010年开始在科学网写起了博客。十多年来断断续续写了160多篇，刚开始是科研生涯的体会，后来有科普，也有对家庭、人生的感悟，往往是感觉到有话要说的时候就说几句。这么多年来也积累了200多万的访问人次，比阅读我论文的人多多了。十多年能够这样坚持下来，与经常受到读者留言的鼓励是分不开的。有一些朋友建议我出书，但我总觉得自己功不成名未就的，人生也才过了一半，事业还在爬坡中，所以从来没有真正考虑过此事。这次有幸认识了上海科学技术出版社的季编辑，他认为像我这样在读万卷书的同时行了万里路的人不多，应该会有不少人想听听我的故事。我终于说服了自己，抽时间把博客重新整理、增补汇集出来。

我在上大学的时候，读了同学介绍给我的一本科普书，阅读的时候，感觉就像触了电似的，我的激情被激发了出来——原来科研就是追根究底，弄明白"为什么"，小至夸克，大至宇宙，自然的奥秘是那么有趣！我从此开始注重观察、思考能力的培养。三十多年后，当我的两个女儿长大时，我曾经把这本书介绍给她们，但她俩都没有产生我希望能看到的"click"或者说"顿悟"。最近我了解到《硅谷之火》这本书让小米创始人雷军建立了自己一生的梦想，终于明白：能够让每个人感觉到醍醐灌顶的书应该是不一样的，是可遇而不可求的，只有多读多看，也许才能碰到。所以，我并不奢望我的这本书能够让人坐而顿悟，如果能让一部分人产生共鸣，也就值得了！

写这本书还有一个目的，是用我个人的切身体会，告诉大家要勇敢地跳出自己的舒适小窝，这样才能更好地去体验人生、发展事业。动荡催上行，安家不乐进。我国有很多俗语反映这样的道理，例如"好男儿志在四方""读万卷书行万里路""人挪活树挪死"等。乱世英雄是靠动荡的生活磨炼出来的。孔丘列国周游游成了孔夫子，红军长征征出了新中国。如果说乱世动荡是被动的流动，和平时期就要靠主动加被动的流动了。人生也是一种算法，如果每一步都走顺路，就很容易进入局部最优的死胡同（贪婪算法，greedy algorithm）。当陷入局部最优时，需要用蒙特卡罗法（Monte Carlo method）来走出随机的一步，跳出陷阱去寻找全局最优。人算不如天算，有时需要不按常理出牌。然而，国内有些政策不利于人才流动，成为制约科技发展的瓶颈之一：上大学时要找个离家近的，换专业、换大学几乎不可能；读研究生时换专业、换导师也不容易；找工作时能不换地方就不换地方，而且总想找专业对口的；找一份工作，就希望找到能干一辈子的；辞掉本职工作，重新回大学学习新专业，几乎是不可能的事情；大学间的教授也不经常互相流动；有些大学里的大部分老师是自己学校培养的；招研究生也只能招本专业的……好在这些问题已经在逐步改善中。我认为只有改变这种状态，人才才能找到最适合自己成长的土壤，科学才能发展得更快。常言道：流水不腐，户枢不蠹。同样，融金发展，流动成才。如果这本书能够在推动人才的流动方面起到一定的作用，目的也就达到了。

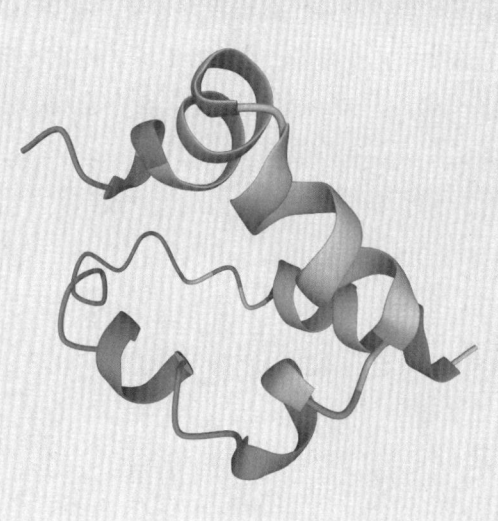

目录

I. 旅程

第一站	江苏张家港：影响人生的第一本书	003
第二站	安徽合肥：影响人生的第二本书	006
第三站	纽约长岛：做科研，我是那块料吗？	012
第四站	南加州波莫纳：糊里糊涂的创业	018
第五站	北卡罗利市：找博士后职位的失败也是成功	022
第六站	波士顿：找教职的屡败屡战	027
第七站	纽约布法罗：升终身教授，你不可能	036
第八站	印第安纳：什么，要去"脚底"的澳大利亚？	045
第九站	澳大利亚昆士兰：廉颇老矣？	051
下一站	广东深圳：新的长征	059

II. 人生故事

不煮饭，何以主天下？	065
身边那些"鸟事"	068
口才是如何练成的？	072

领导能力的培养 074
从挑食到美食 078
辛苦的美国高中生 080
在辩论中成长 083
从忆苦思甜到"买苦"拉练 087
从墨尔本到哈佛,女儿升学记 093
打工:最好的圣诞礼物 099
面试求职记 103
小女儿高中写作是怎么练成的? 106
上哈佛、麻省理工的两个女儿是如何成长的? 113
我永远的神 119

III. 科研体会

人生是持久战,科研更是持久战 125
今天,这辈子最好的一天 128
科研不是工作,是事业 130
心动才能出息 132
身边的抑郁 134
发现新型抗菌肽的长征 137
怎样推动"从0到1"的原始创新:从基于AI
　神经网络的蛋白质从头设计说起 140
痛并快乐着:蛋白质结构预测的边角故事 144
菠菜、天花板与诺贝尔奖:Karplus教授的科学传奇 149

IV. 时事评述

从生物多样性到人才多样性 157

计件评估正在坑害这一代科研人才　　　　　　　160
代表作好，但决不能唯代表作　　　　　　　　　163
新冠病毒诊疗呼吁基于大数据的全国统一电子病历 166
中澳两国人才迁居比较：目前人才政策缺什么？　168
抛弃影响因子，计算颠覆因子　　　　　　　　　172
来了，就是一家人：谈谈如何成为一个理想的全球
人才聚集地　　　　　　　　　　　　　　　　　175

V. 有问必答

怎样找到一个适合你的博士后导师？　　　　　　183
怎样成为优秀博士生或博士后？　　　　　　　　185
怎样尽快熟练掌握英语口语和听力？　　　　　　188
什么是永远热门的"专业"？　　　　　　　　　　190
推荐信的五大要素：你的好推荐信是如何来的？　192
申请美国博士研究生的自我陈述该怎么写？　　　195
ChatGPT来了，科学家该怎么办？　　　　　　　197
如何规划博士的职业和人生？　　　　　　　　　202

VI. 写好英语科技论文的诀窍

主动迎合读者期望，预先回答专家可能质疑　　　217
总结　　　　　　　　　　　　　　　　　　　　236
感谢　　　　　　　　　　　　　　　　　　　　238

后记　　　　　　　　　　　　　　　　　　　　241

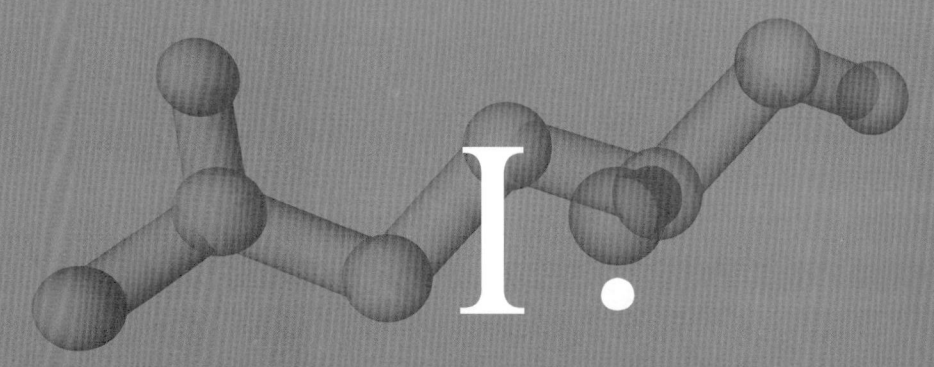

I.

◇ 安徽合肥
◇ 江苏张家港

旅程

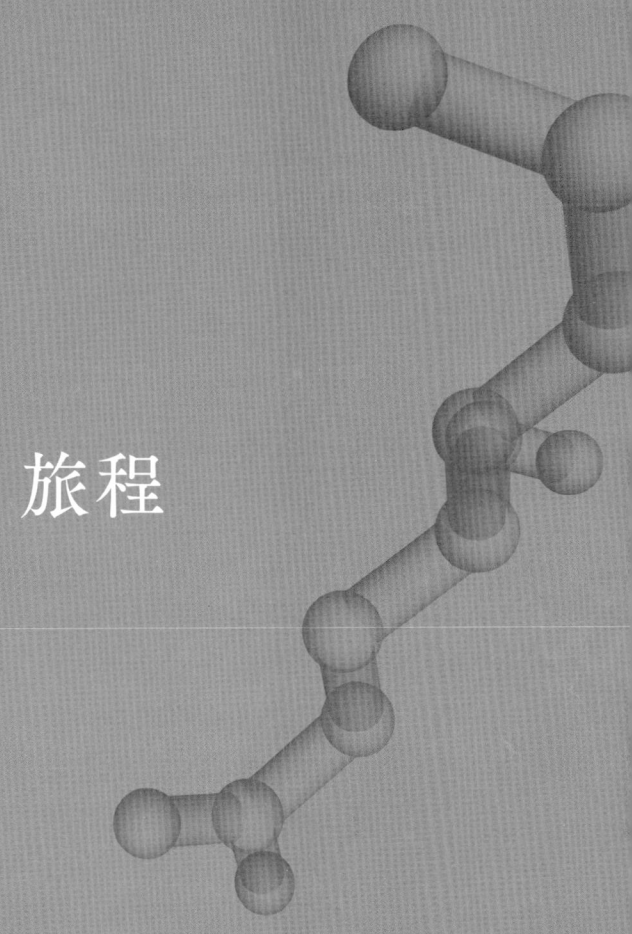

◇ 广东深圳

◇ 澳大利亚昆士兰

◇ 印第安纳
◇ 纽约布法罗
◇ 波士顿
◇ 北卡罗利市
◇ 南加州波莫纳
◇ 纽约长岛

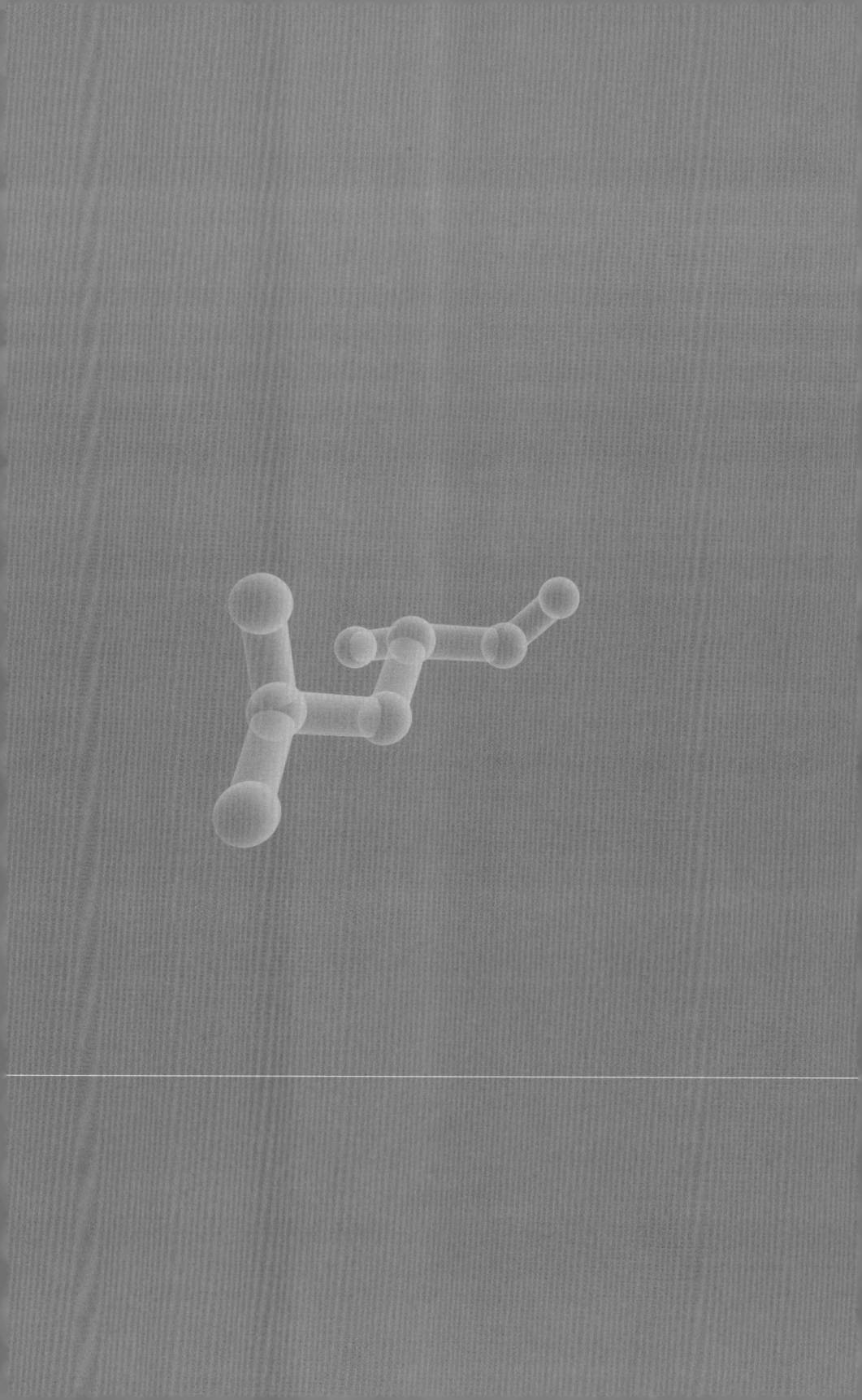

第一站
江苏张家港：影响人生的第一本书

童年与转学

我生于江苏省江阴市，但在上小学的时候，父亲被"下放"导致我们回到老家——沙洲县大新公社二大队的周家埭（如今属于张家港市大新镇）。刚开始，我在二大队小学上学，但我总是与同桌打架，可能因为我是外乡人（江阴方言与大新地区的不同），会受欺负。尽管我经常寻求哥哥的帮助，但问题依然没有解决，最终我只好转到我母亲教书的、离家不到两千米的年丰小学。

年丰小学的校舍原本是一座庙宇（现在改回原名，叫双杏寺），令我印象最深刻的是里面有三棵百年的银杏树，每年秋天都会掉下大量银杏果。我的班主任是邱老师，我一直跟随她到四年级。虽然我在班里成绩较好，但不算出类拔萃。小学毕业后，我进入了三千米外的桥头中学读初中，每天步行上下学。与我一起玩的同村朋友也从二大队小学转到桥头中学，这使我感受到了更多朋友的温暖，我的口音也变成了当地方言。

偶然的数学启蒙

小时候，我是一个乖巧的孩子，因为有哥哥姐姐，我不必过多操心，过着无忧无虑的生活。然而，我并不清楚自己有什么兴趣爱好。我曾经喜欢画画，但家里没有钱请老师教我；我喜欢阅读小说，但那个年代许多书都看不到，或者说在农村无法找到，我只记得看过一本名叫《三探红鱼洞》的小说。直到初一那年（1976年）暑假时，姐姐高中毕业，回到二大队小学担任代课教师，不知从何处获得了一本翻译自苏联的数学应用题书。暑假期间，我没事就抱着这本书做数学题，偶尔遇到问题会向姐姐请教。出人意料的是，我完成了整本书，这本书为我打开了数学的大门，可以说是影响我人生的第一本书。

这本书之所以如此吸引我，是因为它包含了大量应用题，需要思考和推理，而不仅仅是记住公式并代入数据。我依然清楚地记得其中的一类问题：一个水池，使用一根管子抽空需要 10 小时，而使用另一根管子需要 4 小时，那么两根管子一起抽空水池需要多长时间？这类题目培养了我的抽象思维、逻辑推理和解决问题的能力，夯实了我的数学基础。因此，我在初中毕业考试中以优异的成绩进入了大新高中，而且从一个班级的前几名中脱颖而出——我无意中给自己上了数学补习班。这也是我后来不反对女儿们参加补习的原因，有空有能力多学习、掌握一些知识，为什么不呢？

高中与高考

1977 年，高考恢复，让乡下的孩子们看到了新的机会。姐姐顺利考入了大连工学院（现在的大连理工大学）。尽管我算是城镇居民户口，但在高考恢复前，高中毕业后的唯一出路是"上山下乡"。随着高考的恢复，各种学科竞赛也兴起，我在大新高中内部的数学、物理和化学竞赛中轻松获胜。随后，我代表学校参加了附近五个公社的联合竞赛，再次荣获数学、物理和化学的一等奖。然而，去参加县里的竞赛，只有物理拿了第六名；当我代表沙洲县参加苏州地区的物理竞赛时，同样名落孙山。所以在整个县里，我算不上是最优秀的。不过，我的语文和英语成绩在高中班级中也名列前茅，英语老师曾建议我去考文科，并想通过妈妈来说服我，但我从未考虑过那条路。

1978 年，作为高一学生，我参加了高考。由于许多课程尚未完成，我只达到了普通大学的分数线，当时江苏省规定提前参加高考的考生必须达到重点大学的分数线，我因此没有被录取。1979 年，我再次参加高考，这次成绩出来后，高中老师告诉我在江苏省排名前 180 多名。那年，我们是先获悉成绩，然后填报志愿。由于排名靠前，我决定尝试一下好学校。当时觉得北京大学和清华大学离我太远，所以我报了邻省安徽的中国科学技术大学，这充分体现了一个典型的、安分守己的"乖宝宝"的选择。虽然我非常喜欢物理，但是因为化学考试成绩相对较好（1979 年高考化学特别难，大多数考生都不及格，我超过了 60 分），所以报大学专业志愿时，我填报了中国科学技术大学的近代化学系，来增加我被录取的可能性，竟然真的被录取了。就这样，我要第一次离开舒适的家，去一个完全陌生的地方。

感想 尽管我生活在乡下，但因为拥有城镇居民户口，同村的孩子们常常戏谑着说，将来我可能会回到城市，过上繁华的生活，也许在未来，我开着小车回来，都不认识他们了。然而，谁能预料到中国的发展如此迅猛呢？如今，多数同村的同学都有了自己的汽车，都有能力开着自己的车来接我呢。

第二站
安徽合肥：影响人生的第二本书

失落与迷茫

去安徽合肥上大学之前，我到过最远的地方就是离家十几千米远的江阴县的亲戚家。因为要在泥泞的路上走上好几个小时，那时觉得好远好远，当然，现在开车十几分钟就到了。到大学报到时，我爸和姨父坐公交车把我送到无锡火车站，然后我一人坐上开往合肥的绿皮火车，我将在火车上度过 10 个小时（现在乘高铁只要 2 小时左右）。那时我刚 16 岁，第一次独自出远门的确有点忐忑不安。

傍晚到合肥，虽然学校有人接，但办理手续、安置行李、铺床设被也忙到凌晨两三点才安顿下来。我住在一个被称为"三牌楼"的、6人一个房间的集体宿舍，第一晚有点想家，不过也就这第一晚想过家，很快，我就融入新生活了。这是我第一次出省，是我第一次真正独立自主地生活（以前在家里，我都是被照管的对象），也是我第一次不得不用带有江苏口音的蹩脚普通话和别人交流。但是，走出舒适区并没有想象的那么难！

进了大学，才知道中国科学技术大学是当时国内最难进的大学，录取分数线比北大和清华还要高，我们的大学里所谓的高考状元也是最多的。我们是79级，近代化学系是3系，我分在2班，所以我们的班号是7932。我问了几个7932同班同学的高考总成绩，发现他们的都比我高，再也不敢问下去了。其中一个江苏老乡告诉我，我那个总成绩不可能是全省前180多名，不过他们的高考化学单科成绩都比我的低，看样子我真是有可能打了一个擦边球：是我的化学

1979年，本书作者在中国科学技术大学校门口留影

成绩让我"混"进了中国科学技术大学。果不其然，很快我就意识到大多数同学都比我聪明，我的成绩总在中下游徘徊。有一阵子，我比较失落和迷茫——高中时我每次考试都是游刃有余，现在每逢考试则是战战兢兢。

科研启蒙

有一次，同寝室同学弥永利（现在是香港科技大学教授）借了本中文版的伽莫夫写的科普书《从一到无穷大》，他推荐我看，我就顺便翻了翻。没想到一看就把我彻底迷住了。这本书从数字讲到生命及宇宙的起源，让我感觉到探究自然的秘密原来是那么好玩、激动人心，而且科研并不那么神秘，也不是那样难，很多情况仅仅是想到别人没有想到的事而已。从此，我开始注意培养自己观察、思考、联想以及问问题的能力。我有一本小本子，想到什么就写什么。比如：我认证过人死后"投胎"的问题；从太阳系、原子来推想夸克的结构，认为夸克应该有着类似原子的结构，有一个核心；从上课时的观察里总结出什么样的老师最受欢迎等（后者发表在1983年5月1日的校刊上，居然现在还能在网上找到）。很多想法现在看来纯粹是胡思乱想、业余水平，属于"民间科研"之类的思考，甚至我的毕业论文也是靠思考推理完成的。我的大学毕业论文是在一位刚刚回国的量子化学老师李老师的指导下进行的。刚开始时，李老师让我用密度泛函理论计算一些有机分子的轨道能量，但我很快发现当时学校计算机中心的计算能力比较弱，要完成计算所需的花费太大，不可能有这个经费来完成任务。后来我通过推理，发现应该存在一个比当时的计算方法更优的解，但没有办法用计算来证明——因为我没有正经地学习过编程，也没有学过计算方法。最后，就用这个推理完成了毕业论文，并拿了个"A"。现在想想，我当时根本不懂什么是科研。但做毕业论文使我误以为创新是如此容易，加之受到华人荣获诺贝尔物理学奖故事的激励，我暗暗下决心要成为中国本土培养的第一个诺贝尔奖获得者，并常常幻想我的获奖感言应该如何开头——可惜没有记录下来，否则真正可以博大家一笑，让大家知道什么是井底之蛙！

改进学习方法

除了这些"民科"的胡思乱想之外，我也开始正视我落后的成绩，思考怎样改进学习方法，后来慢慢地想出了一个概念图的方法：在考试前一周左右，先快速地过一遍所学的内容，边看边把重要的概念以及概念之间的关系记下来（边看边写这一点很重要，因为光看的话，脑子很容易开小差）。然后合上书，看看能不能把讲过的所有概念以及概念与概念之间的联系默写出来，如果有的概念回忆不起来，就马上把那一部分书重新看一下。这样过一遍之后再默写一次，一般只需要两到三次就可以把一本书里面的所有概念和公式全部记住了。做完这件事之后，再把平时的作业重新过一遍，对于那些不能一看就知道怎么做的作业，重新做一遍。有了这些准备，考试就基本上有把握了。通过这种学习方法，我的成绩一步步上去了，到了快毕业的时候，平均成绩已经从年级的中下游到了中上游。很多年后，我想把这个方法传授给读高中的两个女儿，但她们似乎都不屑一顾、不以为然，可能每个人都有自己的方法，所以我也没有去勉强她们。

一匹黑马

大学快毕业时，因为对即将步入社会有恐惧感，大多数同学选择考研，我也跟风考研，挑了理论化学这个专业。我对理论感兴趣的最主要原因是从小一切享受哥姐照顾，自己动手太少，觉得笨手笨脚的，做实验一定不行。当时在报考中国科学技术大学国内研究生时，填过一张问卷，问卷上有一个问题是：如果考上了国内研究生，想不想继续考国外的研究生？我毫不犹豫地填了个"不"。一是如前文所说的，我盼望着成为国内第一个本土培养的诺贝尔自然科学奖获得者（现在这个荣誉被屠呦呦女士获得）。二是我觉得在国内挺好的，为什么要去一个完全陌生的地方呢？哪里舒适，哪里待着，这就是当时我作为一个"乖宝宝"的理想。后来出了国，才知道那时国内外的科研水平差距是如此之大，"闭关自守"这么多年所导致的消息闭塞真是害人不浅。

1984年年初，我们近代化学系有六个名额可以参加全国统考的中美合作化学研究生项目（Chemistry Graduate Program，CGP）。参加统考的要求是国内研究生考试的成绩除了主课合格，政治和英语也必须及格。但是，当国内研究生的考试成绩出来之后，学校找不到满足各项条件的六个人。我的一个同学仅仅因为政治不及格，不能参加统考，后来他虽然通过别的渠道出国，多年后在美国波士顿见面时他仍旧感到遗憾。我虽然满足了各项条件，却填了个不考出

1984年，中国科学技术大学1979级近代化学系毕业生和老师合影（第3排左二为本书作者）

国研究生。因此学校来动员我去考，我当时就抱着考考也没有什么坏处的、"打酱油"的心态去考了。最后有资格参加统考的五个人里面，其他四个人因为平时成绩好而免去了国内研究生的面试，我因为平时成绩没有达标，成为唯一被要求参加国内研究生复试（面试）的人。还算好，复试时老师们没有为难我。临近毕业，没有专业课了，大多数同学都玩得不亦乐乎，我咬着牙按照我的学习方法坚持了下来，最后去上海的复旦大学参加了出国统考。没想到我居然能够以全国倒数第三名的排名，幸运地考入了当年有限的全国56个CGP出国名额。大学同学们都认为我是一匹黑马，谁都没想到我能成为五个参加统考的同学中被录取的三个人之一。

填出国志愿

被CGP录取后，申请美国学校有点像国内填高考志愿，要从几十所参加CGP项目的美国或加拿大高校里面选五个。我对美国一无所知，也不知道应该去哪里、为什么要去，同时对只身出远门很不自信。仅仅因为有一个大学同系同年级的同学已经通过另外一个项目在纽约州立大学石溪分校化学系留学，所以我把石溪分校作为第一选择，而把哈佛大学放在了第二志愿，可想而知我当时是多么无知了。不过现在想起来，以倒数几名的成绩能够匹配到杨振宁先生所在的石溪分校，也可以说是歪打正着了，傻人有傻福。我们学校被CGP录取的另外两个同学的录取排名都比我高，一个去了美国休斯敦的莱斯大学，另外一个去了加拿大的阿尔伯塔大学，他们和我那位在石溪分校的同学后来都去了工业界发展。

从出省去中国科学技术大学到出国去纽约州立大学石溪分校，是时代的潮流加偶然的运气，人生就是这些随机事件的组合。我不经意地、被动地去了美国东部位于纽约长岛的石溪分校，在那里，我的眼界才算真正被打开。

第三站
纽约长岛：做科研，我是那块料吗？

英语培训

1984 年下半年和 1985 年上半年，全国所有被 CGP 项目以及生物 CUSBEA（China-United States Biochemistry Examination and Application）项目录取的成员都要到广州中山大学进行英语培训，为出国留学做准备。这个培训是相当严格的，我们接受的是美式英语教育，由外籍老师授课。我们必须通过模拟托福（TOEFL）考试，才能获准出国。我第一次参加这个考试时没有通过，在第二次尝试后才成功。

我当时住在中山大学的荣光堂，我对这段时间的记忆深刻，特别是那里湿润的空气、天花板上的壁虎，以及我 1.67 米的身高在广州却不显得太矮的感觉。这段回忆真是有趣，谁能想到，在 36 年后的某一天，我会在不远处的渔村——深圳开始新的工作呢？

石溪分校

1985 年 8 月，我来到石溪分校。这所大学里的生活完全不同于我过去的生活。长岛是一个乡村地区，三面环海。我第一次看到了那么多乌鸦，还发现了一些我以前从未见过的鸟类。校园的建筑风格独特，一些建筑显得永远不会老旧，另一些则永远显得新奇。医学院的建筑据说曾获得建筑奖，看起来就像是外星人设计的一样。我们住在一个研究生公寓，每户住六个人，有三个卧室和一个客厅。一开始，我在英语方面还有困难，听不懂别人说的话，也表达不清

1989 年，与中美合作化学研究生项目同届同学的合影（最后排左二为本书作者）

楚自己的意思。然而，随着时间的推移，我逐渐适应了英语环境，终于能够听懂别人说的话，并用英语进行交流。我的学习英语的方法是观看美国广播公司（ABC）、美国哥伦比亚广播公司（CBS）和美国全国广播公司（NBC）的电视新闻，尽量模仿他们的语调和语气，这种方法非常有效。虽然我的发音可能还不够准确，语法也有问题，但语调正确，这能够让人理解我说的话。

失败的科研起步

在石溪分校，我开始了我的博士研究生生活。开学之初，人人必须参加三门专业课的摸底考试。尽管我已经有一年没有接触专业课的内容了，但我仍然在三门专业课中获得了"A"的好成绩。同时，我继续使用在国内大学所掌握的学习方法，这让我在第一个学期中的所有专业课都获得了"A"的成绩。第二学期开始，我需要确定导师。其实在来之前，我就选择了化学系的系主任 Jerry L. Whitten 教授作为我的导师，因为他的研究方向是量子化学计算，是我在中国科学技术大学本科毕业论文的方向，"不换方向"在我看来是理所当然的。不过，当我第一次与他见面时，他告诉我可以去和其他教授交流，不一定非要选择他。当时，我误以为他对我不感兴趣，因此马上又去与另一位教授 Harold L. Friedman 交流。虽然我完全不懂他是做什么的，但对我来说，只要不用做实验，计算方面的都可以。当时的情景我仍记得清清楚楚，他一门接着一门地问我功课的成绩，我一个接一个说是"A"。他笑了，当场就要我搬进他的组，开始工作。就这样，从小听话的我就稀里糊涂地换了研究方向，开始从事 Friedman 所研究的领域——液体统计力学理论，一门我在国内从没有听说过的学科。

Friedman 的组不大，有一个韩国博士后、一个美国学生，以及比我早来一年的、中国科学技术大学 77 级近代化学系的钟师姐。开始的时候，我对自己的能力充满自信，认为我会在研究方面很快取得顺利的进展。然而，实际的科研工作并不如我想象中那么顺利。一年多的时间里，我没有取得任何突破，这让我非常沮丧。导师常常问我是否有令人兴奋的消息，但我往往只能提供一些与他期望相反的答案。那时候，我有着巨大的挫败感，怀疑自己是否真正适合从事科研工作（很久以后我才明白，科研失败以及导师的设想和结果存在偏差是正常的，成功需要在失败的基础上不断地去尝试和创新）。

换导师后的转折

1987 年，原本主要在化工系任教的 George Stell 转到化学系，成为全职教授。导师 Friedman 建议 Stell 同时指导我，因为他觉得我有潜力，但不知道为什么科研一直没有什么进展。Stell 同意了这个提议，并由 Friedman 继续资助我的助学金。Stell 的教育方法与 Friedman 完全不同，他并不给我具体的课题，也不常监督我的工作，而是提供了一系列他认为有潜力的论文让我自己去分析和尝试。这种方法让我能够产生新的思路，开始提出问题、找到问题并解决问题。

我最早的一项工作与硬球体系的热力学状态方程相关，比较容易上手，主要是公式的手动推导。一旦第一篇小文章成功了，就摸到了门路，后面的思路就开始不断涌现。例如：液体统计里的积分方程原来用于三维径向硬球（hard sphere）体系。有人把一个硬球的半径变成无穷大，这样原来只能用于三维径向的积分方程就能应用到研究硬球在一个硬面（hard wall）附近的分布。利用同样的思维，我举一反三：把一个硬球变成球形孔穴（spherical pore）、柱型孔穴（cylindrical pore），变成两个硬面（slit pore），变成有的分子可以通过、有的分子不能通过的半透膜（semi-permeable membrane，包括球型、平面型、球内半透、球外半透）；硬球体系做了，还可以做离子体系（ionic systems）。这样就出了六篇论文。我也有两篇文章把导师的名字放在前面，因为原来设想（original idea）是他提出的。我在他原来设想的基础上进一步推广、发展，去解决其他问题。例如，把两个离子当作一个分子体系来处理，这样可以解出溶解能随离子距离变化而产生的变化，可以研究电子转移反应等，这样又出了多篇论文。这些工作具有较高的创新性，因为我将原来只适用于均相单原子液体的统计力学方法推广到了非均质体系和简单分子体系，其中一些论文后来被引用超过 100 次，在这个小众领域算是难得了。

现在的反思

毕业时，我已经发表了十多篇论文，还有一些在投稿审阅中，这在系里算是空前的纪录。为此，我获得了系里的优秀研究生奖。从在黑暗里摸索、自我怀疑到多项工作的突破，我有几点经验：一

1988 年，Harold L. Friedman（前右）、George Stell（前左）教授和研究组合影（二排右一为本书作者）

是要先易后难。第一项工作最好是容易上手的，能够体会一下到底什么才算是真正的、有创新的科研，即使小创新也是可以的。因为零的突破是最难的，小的进步可以起到激励的作用。如果一开始就想解决"大"问题，由于没有经验，容易受到挫折和打击。二是要不断思考。怎样推广、深入发展手头即将做完的工作？多看文献，多想想现在的工作缺了什么（knowledge gap）、怎样来填补这个空白。有了多种思路，多方面开花结果的可能就会大大增加。三是要讲究效率。论文的写作和程序的运行要同时进行。

但是也有不少教训。现在我意识到我在选择发表论文的杂志上犯了一些错误。我没有考虑到杂志的影响因子，而在美国找工作时，外部评审人通常会以杂志的名声来评价论文的质量，发表论文的杂志的影响因子低就会有些"吃亏"。另外，我没有考虑到毕业后的职业规划，也没有花时间去思考自己未来的发展方向，只是一门心思做科研，这让我在毕业后走了不少弯路。

毕业的时候，我回顾读博生涯，写了一首打油诗：

乘风驾云把西征，
面壁五年为求真。
悬梁刺股秋风寒，
冬天过了终于春。

感想 出国留学是我人生中的一个重要转折点，让我开阔了眼界，获得了新的知识和经验教训。我也第一次真正体会到只有走出来，才能见世面、长知识、添才能。更重要的是，适应新环境远比我想象中的容易，虽然去的是一个语言、文化、背景都是那么不同的国度。还有一点是，由于误解 Whitten 教授的意思，我离开了熟悉的量子化学领域，进入了以前没有听说过的液体统计力学领域，全新的领域大大地拓展了我的科研思路，这就是离开舒适区的好处，不管是自愿还是被迫。

第四站 南加州波莫纳：糊里糊涂的创业

何去何从

我出国留学是公派性质的，所以一开始压根就没有考虑过留在美国工作。当时，国内的工作都是分配的，所以我也从未思考过自己找工作这个问题。

然而，一个电话改变了我的命运。这个电话来自我的学长张永峰博士，他从中国科学技术大学来到石溪分校的化学系攻读博士学位，专攻计算量子化学。他毕业后，前往加州理工学院加入了诺贝尔奖获得者 Rudolph A. Marcus 的课题组，从事博士后研究。张永峰询问我是否愿意加入他新创办的科研公司。我毫不犹豫地答应了，因为他一直是我尊敬的学长和好朋友。在石溪分校期间，他所做的研究工作非常出色，提出了一些新概念，到了加州理工学院工作也非常优秀，因此我对他非常钦佩。尽管他在加州理工学院的导师希望他从事学术研究，并说有把握推荐他去一所大学工作，但他决定创业。我于 1990 年年初加入了他创立的、位于南加州波莫纳的应用物理化学实验室（Applied P & Ch Laboratory, APCL）。

创业与转型

　　创业公司一开始只有三四个人，但对我来说，重要的是我能够继续从事科研工作。刚开始，我按照朋友之前的工作思路，回到量子化学计算领域，研究核电子的电离和激发规律。我们后来在《美国物理化学杂志》（*Journal of Physical Chemistry*）上发表了一篇小论文（第二作者）。然而，不久之后，朋友认为科研无法带来足够的收入，所以决定将公司转型至环境保护测试领域，以迅速获得现金流来维持日常经营。

　　从这个时候起，我不再做科研，开始从事实验室内部样品的管理、实验报告软件系统的开发，以及客户服务和内部业务管理工作。随着公司的发展，我还负责销售、催账等其他事务，最终成为实验室的主任。创业，刚开始时我感觉挺新鲜，学到了不少从商的本领以及以前作为书生没有的与人打交道的技巧。到了 1993 年，三年多时间，公司成长到二十几个人了。但是当创业公司逐渐壮大后，我开始感到一些工作变得重复且缺乏意义，工作量也日益增加。这时，我开始质疑：人活着难道只是为了挣钱吗？特别怀念一门心思做科研、激情燃烧的日子，那时生活虽然清贫，工作虽然辛苦，但我非常享受探索自然奥秘、发现崭新知识的过程。如果能够做自己喜欢的科研，又能有口饭吃，岂不是更好？

回归学术

在决定离开公司后，我问以前的导师 Stell 能不能回去做他的博士后，因为离开科研近四年，我不知道是不是还能恢复状态。他一口答应！由于环保检测公司的成功，有投资人愿意投资进一步做药企，虽然我可以成为药企的主管，但还是决定把手头的工作交接给自己培养出来的两个助手，从加州开车横跨美国回到纽约石溪分校做博士后。那一年，我30岁，这是自己第一次、真正独立地为自己作出决定：离开公司回来做学问，赌一赌我是否有做学术的命。孔子说三十而立，我是三十才立志，才知道自己该追求什么。在30岁

1990年，本书作者（右一）与应用物理化学实验室创始人夫妇和家属合影

以前，我一直随波逐流，没有主见，可以说是为别人活的。虽然醒悟得有点晚，但是 better late than never（迟到总比不到好），我很感谢朋友给我这个机会，让我终于明白什么才是我的真爱，转而开始追求真正属于自己的事业。

值得一提的是，朋友的公司后来非常成功，现在是一个有着超出 1 600 名员工的上市药企（Amphastar Pharmaceutical），但我从未后悔。

第五站 北卡罗利市：找博士后职位的失败也是成功

宝刀未老

1993年的圣诞假期，我从南加州一路驾车回到了长岛。石溪分校似乎没有太大变化，学校的景色与我离开时一模一样，只有导师Stell的研究组成员经历了一些变动。我对学术研究的激情迅速重新点燃，不久后就取得了一系列研究成果（后来发表了4篇论文），证明了我宝刀未老，仍然具备做科研的能力。Stell对我的表现感到非常满意。然而，令人沮丧的是，才过了4个月，他就告诉我实验室资金马上"告罄"。Friedman 设法筹集了一些资金，勉强可以让我再领一个月的工资，他们都强烈建议我尽快找到一个博士后的职位。这一消息让我倍感压力，因为我急需稳定的工作和收入。

热锅上的蚂蚁

说来是个笑话，这还是我第一次尝试自己找工作，我甚至对如何找工作毫无头绪。在导师和其他博士后的帮助下，我向我能想到的、石溪分校同事们能帮我想到的、只要跟理论计算相关的、不管有无广告招聘的各大学校的教授们投了几十份简历。好消息是我读研究生时写了二十几篇液体统计力学理论方面的文章，最后一篇 1993 年才发表，所以外人不太能看得出研究中断过。坏消息是由于 5 月份提交申请的时机不前不后，只有极少几个人答复，我到现在还清清楚楚地记得是哪几个人。一个是加州大学伯克利分校的 David Chandler 教授，他说他现在没有余钱，如果我能找到资金支持，他愿意收我。还有一位是哈佛大学的 Martin Karplus 教授，他说他现在不在哈佛，可以明年再找他。唯一的面试通知来自麻省理工学院（MIT）化工系的 J. Harris 教授。这位 Harris 教授被称为"新星"，他的研究领域是离子液体理论，与我的背景相符，因此我感到非常兴奋。然而，在面试中，我的演讲技巧不佳，甚至让教授在听我演讲时打了个盹。事后他的学生告诉我他时常这样，所以一开始我还存有侥幸心理。但不久，他就把我拒了，据说他接收了他同事的一个学生。后来，威斯康星大学麦迪逊分校新上任的一个助理教授告诉我，他一个月后就会知道他能不能拿到美国国家科学基金会（NSF）的资金，他如果拿到钱一定要我，但这样的空头支票对我并没有什么用。我当时的感觉就像热锅上的蚂蚁，急得团团转。

走后门

看到我申请博士后这么狼狈，Stell 教授沉不住气了，主动帮我联系了他以前的学生,在北卡罗来纳州立大学做教授的 Carol K. Hall。她回复没问题,但钱不多,不能作为全职博士后聘用,没有健康保险,行不行?我毫不犹豫地答应了,我也真是别无选择,也不想为了威斯康星大学麦迪逊分校的位置再冒风险等一个月。钱少不是问题,我一个人的消费很少,而且当时觉得还是去正教授那里对自己的前途更有利。于是,我在 1994 年 7 月去了北卡罗来纳州立大学,做博士后。北卡罗来纳是美国南部的一个州,这个地方夏天炎热而潮湿,很像我的江南故乡。我更喜欢长岛的夏天,或者是南加州的天气,虽然热,但是干热,有空还可以在海滩上走走,而北卡首府罗利市(Raleigh)是大平原,附近没有什么可以玩的地方。当然,我也不是爱玩的人,所以很快适应了新环境。

被迫换方向

Carol K. Hall 做的是高分子聚合物的非连续分子动力学研究,这一领域对我来说完全陌生,也就是说去她那里,我必须转行,从解

1995 年,本书作者(右三)与 Carol Hall 教授研究组合影

方程的理论计算切换到非连续分子动力学模拟。非连续分子动力学模拟非常冷门，如果我不去她那里，我根本不会想到去研究这个方向，因为绝大多数人是做连续势能函数的分子动力学模拟，而不是非连续的方势阱能量。我是 Hall 教授唯一的博士后，她的学生都对我很好，我向他们学习分子动力学模拟，他们向我学习理论方面的知识。我学习到了与通常的分子动力学模拟相比，非连续分子动力学模拟可以更加快速地获取所模拟系统的热力学平衡，不久就有几篇文章在手里。

申请博士后奖学金

因为 Martin Karplus 教授曾经说过一年后可以再申请他的博士后，所以我让他知道我到了北卡罗来纳州立大学。不久，他告诉我，如果能申请到博士后奖学金，我可以去他那里做博士后。我以前还不知道有申请博士后奖学金这么一回事。我查了查文献，找了找我的科研特长和 Karplus 教授的工作有交汇的地方，最后决定把液体统计力学理论推广到 Karplus 教授感兴趣的生物高分子蛋白质上，研究不同简单溶剂对蛋白质高分子稳定性的影响。我用这个设想投了两个申请，一个美国国家科学基金会（NSF）的，一个美国国立卫生研究院（NIH）的。在 Hall 那儿待了不到一年后，我成功地获得了 NSF 和 NIH 的两个博士后奖学金，从而可以去哈佛大学 Karplus 课题组做博士后，这次成功的申请离不开 Karplus 教授的支持信。就这样，我带上自己的博士后基金，在 1995 年 8 月去剑桥的哈佛大学开始做我的第三个博士后。

写作培训

有一件值得一提的事：1994 年，刚到北卡罗来纳州不久，Hall 就让我参加附近杜克大学教授 George G. Open 的关于科技写作的、为期一天的培训班。这次培训让我明白了读者对每一个句子和段落有他们的期望，只有满足了他们的期望，才能使文章流畅、易懂，这次培训让我的英语写作从根本上上了一个台阶。

感想 尽管我在寻找博士后职位时经历了挫折，不得不来到师姐 Hall 那里做博士后，不得不接受低薪、改变研究方向，但这为我去哈佛大学埋下了伏笔。这些经历让我明白了失败与成功并不是对立的——没有绝对的失败，也没有绝对的成功。只有在时间的长河里回望过去，才能真正知道一时的失败到底是怎么一回事。因此，无论遇到多少挫折，都不应气馁，因为它们是通向成功的必经之路。

第六站
波士顿：找教职的屡败屡战

激情燃烧的日子

Karplus 教授在法国也有一个研究团队，我第一次申请他的博士后时被拒绝的理由就是当时他在法国。传说他在法国设立团队的目的是可以更方便地与提名诺贝尔奖的欧洲科学家打交道，但他是到了 2013 年，我离开哈佛后的第 13 年，才获得了诺贝尔化学奖。事实上，他去法国的主要原因还是他热爱法国文化、美食和葡萄酒。虽然他不是法国公民，只能担任半职，但他经常往返于两地，这种形式有点类似于中国曾经出现过的兼职"千人计划"。尽管我听说在他的实验室不容易见到他，但实际上，在我来到他的研究团队之初，他经常来询问我的进展，对我的工作非常关注，甚至比以前的导师 Stell 更加紧密地监督我的研究。

为了让他放松一点，我很快利用我的理论优势写了一篇关于盐对蛋白质滴定和结合相互作用的影响的文章。他看了文章后（这篇文章在他那里等了两年多后，没有动静，我向他建议，既然他没有兴趣，就让我独立发表吧，他同意了。最后，文章于 1998 年发表在《美国物理化学杂志》上），要我继续沿这个方向做下去。但我跟他说想做计算机模拟，因为总觉得要拓宽自己的能力范围，这是我在 Hall 组被迫改行尝到甜头后，觉得应该拓展的方向。在他同意后，我把 Hall 那里学来的方势阱液体模拟的程序进行了改进，主要是加了幽灵粒子从而可以进行更自然、更精确的恒温模拟。改进后，我就可以非常准确地模拟单链均聚物在不同温度下的热力学性能。我发现单分子链在超过 32 个单体后，会在低温下发生从单分子液体到单分子固体的相变，而且能量变化接近一级相变。Karplus 看到这个结果也特别惊讶，于是产生了一篇发表在《物理评论快报》（Physical Review Letters, PRL）的论文。同时，我把这个类一级相变和同样是单分子链的蛋白质热力学性能联系起来，构造了新蛋白质模型，模拟出蛋白质的可能相图，后来成果发表在《美国国家科学院院刊》（PNAS）上。

未立业先成家

除了科研事业上的顺利，在个人生活方面，我也找到了心仪之人，我们于 1995 年年底结婚。1997 年，太太在纽约奥尔巴尼读 MBA 硕士毕业后，我觉得自己该进入职场，把家安顿下来了——一个典型中国人的想法。截至 1997 年年中，我以前的论文加上在哈佛发表的文章，总共有三十几篇。我向 Karplus 提出要开始找工作（因为即使当年找到工作，我也要到 1998 年夏天才会离开他的实验室，这样我在那里也待满了三年，刚好把我拿到的 NIH 博士后奖学金用完），非常令我感激的是，他一口就答应了。

找工作

这是我第二次找工作。我申请了全美各地不同大学、各个不同系别的职位，包括应用数学、物理学、化学、化工、生物物理学、生物化学和计算机科学等。这样的跨学科申请既有优势也有劣势，因为它与许多传统学科相关，但又有所不同。我不管是什么系，只要是理论计算方向的就投简历。投了几十个，只换来四个面试机会。我的报告是关于用简单和真实的模型来解析蛋白质的热力学。其中两个面试分别是哈佛隔壁的麻省理工学院的机械工程系和化学系，估计是有点带照顾性质的——不需要花什么差旅费，我坐两站地铁过去就行。工程系觉得我的方势阱分子模型太简单，其中一个教授说他不相信原子的存在，让我都不知道该如何回答。而化学系，其中一位教授是 Karplus 的学生、我的师

1998 年，一家三口在哈佛校园

兄，他告诉我化学系内部有两派，一派支持录用我，一派反对，但最后还是没戏。后来我想，麻省理工学院更注重理论功底，我去讲模拟真是讲错方向了，要是摆摆我的分子液体理论也许更靠谱一些，后来他们果然招了一个理论功底很深的中国人。第三个面试来自我的研究生母校，石溪分校化学系。我的博士生导师Stell告诉我，系里有几个人认为我还"嫩"，没有准备好独立做研究，而且和前博士生导师在同一个系不合适，就把我给否决了。但实际上系里当时已经有一个助理教授，他也是本系的博士毕业生，并没有被认为不合适。系里唯一的华人教授在面试时悄悄地告诉我，是华人就不容易找到位置。最后他们招了几个面试人选里唯一的美国白人。大女儿的出生推迟了我去休斯敦莱斯大学生化和细胞生物系的面试——我的最后一个面试，招聘委员会主席给我的印象是他挺想要我的，但后来也不了了之了。几年后，我有机会见到他，问起当时的情况，他说他们系没有多少人认为计算理论和物理会对生物有什么用处，他力争也没有用，再后来连他自己也离开那儿去了威斯康星大学麦迪逊分校。大女儿的出生，给我带来新的压力，我必须得养家糊口了。

再找工作

1997年不成功，1998年下半年开始新一轮申请，直到1999年6月，我一共获得了八个面试机会。其中有佐治亚理工学院的化学系、莱斯大学的化学系、NIH的化学物理实验室、NIH的生物技术信息中心、纽约州立大学布法罗分校的化工系、劳伦斯伯克利国家实验室、新奥尔良大学的化学系、纽约州立大学布法罗分校医学院的生物物理和生理系。在对蛋白质的热力学有了充分认识后，我1998年开始做蛋白质折叠的动力学研究。所以1999年年初，我的报告题目是蛋白质折叠的热力学和动力学研究：新的非晶格模型。这一轮仍不成功！NIH 的化学物理实验室招了一个比我更资深的研究员，而 NIH 生物技术信息中心的招聘委员会主席跟我说他认为我工作非常出色，一定能找到一个合适的岗位，但不知道为什么他们没有要我，可能觉得不匹配。新奥尔良大学的岗位是跟一所历史上以黑种人学生为主的大学合招的，那所大学的硬件设备之差让我感觉很震惊。即使这样，连他们也把我拒了，说是没法统一意见。Karplus 告诉我，要是他们真要我了，他也会建议我拒绝的，因为他认为我应该去更好的学校。但问题是，有学校要我吗？没有啊！Hall 认为我失败不是由于我的科研能力不够，而是我的外国口音。可我的外国口音就像我的江苏口音一样，可能这辈子也没法解决。那一段时间，真是非常苦闷。我曾经问过 Karplus，他能不能帮我打打电话，施加点影响力。他说，以前他打电话很有用，但现在没人听他的了，我简直要跟他一起怀念他的"黄金时代"了。

第三轮申请

1999 年下半年，我开始第三轮申请。真有点烦了，我想今年如果再不成功，下一年就只好把公司、大学一起申请了。好消息是原来等了很久以为没戏的布法罗医学院通知我是他们的第一人选，要我去参加第二次面试。不久我的论文被《自然》(Nature) 接受，并在 9 月底刊登了出来。接下来，我又先后收到六个大学的面试通知。第二次去布法罗面试时，非常感谢系主任让我将原先所要求的启动经费全部加倍，因为他知道学院最近获得一笔专门用于招聘的基金，多要一些可以极大地帮助我，这样我就揣着布法罗的高启动经费的聘用书（offer）参加了其他大学的面试。10 月，去怀俄明大学面试没有成功，后来得知他们认为我一定会选布法罗而拒绝了我。11 月，去埃默里大学，拿到了聘用书，但启动基金比布法罗差得太多。12月，去阿尔伯特·爱因斯坦医学院，他们不认为做计算需要那么多启动基金但也愿意匹配上，可是在他们那里，只有升为正教授才能变成终身制。同月，去了亚利桑那州立大学，聘用书的启动基金也远远比不上布法罗。次年1月，去了杜克大学。其实，我最想去的就是杜克大学了，他们的第一人选已经拿到了耶鲁的聘用书，但是还没签，而我被排在第二。后来才知道，我排在第二人选的原因是我曾提到过布法罗的教学任务轻，他们由此推断我可能不太愿意教书。如果我能确定第一人选会去耶鲁，那么我就会把布法罗拒了。由于答复布法罗的时限到了，杜克大学又不能给我个准信，我为了保险就签下了布法罗。后来，排在第一人选的那位真的去了耶鲁。当杜克大学再打电话问我的时候，为时已晚。Karplus 教授建议我去布法罗干一年，履行完布法罗的合同，下一年再去杜克。我觉得那样影响不太好，大家低头不见抬头见，可能会给我的前途带来阴影。就这样，我的下一站，第一个教职就定在西纽约的布法罗了。

回顾在美国找教职的那些日子，用一个字来形容就是"累"，看不到前景的累，没有希望的累。但熬过来之后，又觉得是一种磨炼，刻骨铭心的磨，浴火重生的炼。这段经历让我更加坚强，我逐渐明白：耐心等待，时来才能运转。

塞翁失马

这里有一个插曲，我在哈佛做博士后的时候，有一天忽然心血来潮，想去拜访一下"隔壁"麻省理工学院当时拒了我的教授，也算联络感情。查了一下，结果大吃一惊，他居然在有经费有论文的情况下，因没拿到终身教授的职位而彻底离开了学术界。想当初，我是被他拒绝了之后，无奈去了北卡罗来纳，不得不"改行"（从理论计算到分子动力学模拟）。但我以在北卡罗来纳做的研究工作为基础顺利地完成了 NIH 博士后基金申请书，获得了去哈佛的通行证。更幸运的是，我在北卡罗来纳学习非连续分子动力学方法为我在哈佛期间发表在 *PRL*、*PNAS* 和 *Nature* 等杂志上的论文，甚至为我独立研究的第一笔 NIH 基金都埋下了伏笔。这一切，我直到七年之后才恍然大悟。而我们中国伟大的古人早就将其总结为八个字：塞翁失马，焉知非福？从此，我的座右铭成了：不要考虑太多的一时得失。得可能是失，失也会变成得。也就是说，失败也可能是成功，因为你不可能马上就知道它真正意味着什么。高兴或者痛苦，一天就好。继续做你想做的，只有时间才会让你慢慢品尝出来眼下得失的真谛是什么。

2023 年 8 月，与导师 Martin Karplus（左）的合影

终身受益的知识

在 Karplus 组里的五年博士后生涯,让我体会到一个伟大科学家和一个优秀科学家的不同。我的博士生导师 Stell 教授是一个著名的优秀科学家,通过他,我明白了怎么做有创新意义的科研。而 Karplus 让我知道在创新的基础上,怎样做尽善尽美的科研。虽然 Karplus 平时不直接参与研究,但是在论文初稿形成之后,他会"抠"细节。他曾经告诉我,由于他不再亲手做具体的研究,保证和提高论文质量的唯一方法就是注重细节。我在做高分子模拟时发现单个高分子也有固液两相,就用了一个当时常用的经验公式来判断其是固相还是液相。我所采用的是从原子间距离的波动大小是否超过一定范围来进行判断的,但受其他文章误导引用了最原始的、1910 年发表的一篇文献中的公式。Karplus 发现 1910 年的公式和我所用的公式其实是不一样的,它判断的依据是原子本身在平衡态附近的扰动范围。平衡态附近的扰动计算起来比较麻烦,所以开始我并不以为然,因为重新计算增加了不少工作量。但当我换了公式,重新计算后,发现它能更好地描述我们所发现的现象,真正地让单个高分子内部的固相与小分子固体关联了起来。此文后来发表在《物理评论快报》上。从此,我学会了严谨、严谨、再严谨、细心、细心、再细心。

我还学到一点,就是胆子要大,要登高望远,看到大格局(big picture)。二十世纪七十年代笨拙的计算机用来做小分子量子化学计算已经很不容易,但 Karplus 已开始尝试计算蛋白质大分子了,更不用说他居然结合量子化学和分子动力学的计算来研究大分子酶的催化反应——尽管只能模拟几皮秒的运动,但后来的诺贝尔奖也由此而得。我 1984 年的大学毕业论文是一个刚从美国访问回国的老师带的。他在美国访问时计算了一些小无机分子,却要我计算一个比他计算的分子大了好几倍的有机分子。当时,中国科学技术大学的

"超级"计算机中心是要以计算的机时来计费的,钱很快就用光了也没有算完,我还在背后抱怨导师自己算小的让我算大的,真不公平。但现在想来,科学都是从易到难。学生就应该在老师做的基础上做得更好,解决更复杂的问题才行。如果跟老师做一样难度的工作,做出的结果就没有什么意义。尽管做耗时长、计算量大的工作有很高的风险,尽管需要几个月甚至几年的反复计算才会有结果,而且结果如果不符合实验验证就等于白做,但是只有这样才有获得原创大成就的可能。

此外,从 Karplus 身上我学到了不要怕繁。学物理出身的人往往拼命地想把问题简化。我在美国读研究生时就曾经把水分子近视成硬球来计算气体在水里的溶解能(solvation energy)。但对于生物现象,关键之处经常在于细节,简化不得。一个分子动力学程序里的蛋白质势函数里面有上千参数,这是靠好几个 Karplus 的研究生的毕业论文才完成的。后来,2007 年,我把 George G. Open 的写作理论与 Karplus 审稿"抠"细节的要求相结合,写了一篇在互联网上广为流传的《写好英语科技论文的诀窍:主动迎合读者期望,预先回答专家可能质疑》,虽然不是科研论文,但它应该是我影响力最大的一篇文章了。

第七站 纽约布法罗：升终身教授，你不可能

"走马上任"前的准备

2000年2月，我决定去布法罗医学院生理和生物物理系。美国终身教授的要求是在三方面中至少有一项是"杰出"（excellence），其他是"满意"（satisfactory）。这三方面分别是研究、教学、服务。申请人可以自选哪方面为"杰出"，也就是说申请人既可以申请研究型，也可以申请教学型，还可以申请服务型。我毫无疑问选择在研究方面为"杰出"。学校对于升终身副教授的要求是，要有国内外发

表的、经过同行评议的论文，开始崭露头角，有在研究领域内成为领袖型人物（Record of nationally and/or internationally disseminated and peer reviewed scholarship; Emerging national reputation）的潜力。其中，申请并获得国家级研究经费是一个关键因素，因为这是创新能力得到同行认可的一个重要标志。

其实，在我做助理教授之前就有过一次成功申请研究经费的经历。但那次成功有一定的水分，因为申请中，未来的导师要写一封支持的信，估计 Karplus 的信增色不少。不过，那次成功经验对我找工作有用，对我写自己的项目申请好像没有太大用处，毕竟两者不是一个层次的。在哈佛做博士后的后三年，因为一直在找工作，所以我也开始积累一些自己的科研想法。之前找工作不顺，我怀疑是由于我用非连续分子模型模拟蛋白质动力学太简单，所以主动向导师要求用 CHARMM 分子动力学来模拟蛋白质分子动力学——蛋白质分子动力学以及 CHARMM 分子动力学软件是他创立并以此而闻名的一个方向。他建议我做贝壳类的血红蛋白，因为它不像人的四聚体血红蛋白，是一个相对简单的二聚体。而且，实验表明这个二聚体在吸收两个氧分子过程中是靠简单的小范围结构变化来相互协同的。这个课题我花了不少时间，发现了一些有意思的现象。定下去布法罗之后，我利用上任之前的时间招聘自己的博士后、订购计算机。在和导师讨论我未来的研究方向时，导师同意我把血红蛋白的项目带走。但要求我将非连续分子简单模型留给他。也就是说，如果我仍旧用我在哈佛发展的模型做工作，要算作我们之间的合作项目。我很爽快地答应了，因为我觉得他的要求挺合理，毕竟这些工作是在他的指导下完成的（后来他还派了一个人到布法罗跟我学习非连续分子简单模型，但没有在这方面深入下去，也没有看到后续有什么文章）。

得到导师的同意后，我将贝壳类血红蛋白研究结果作为前期研究基础来写我的第一个NIH基金申请。我向导师要了他的项目申请书,希望作为参考。他给了我,但说写项目申请书不是他的强项,建议我找其他更擅长此事的年轻教授。后来我找到在麻省理工学院化学系做教授的师兄,他大方地给了我他的第一个成功的、完整的NIH项目申请书。我参考他的成功案例,写了整整三个月的时间。第一次集中精力写了这么长时间,头都痛了几个月才恢复。写完之后,又到处征求意见,反馈极佳。项目中最大的创意是用计算机来模拟实验中观察不到的贝壳类血红蛋白上只有一个氧分子的中间态,我有很好的初始数据,还找到一个做贝类血红蛋白结构实验的教授合作。我在2000年6月1日以布法罗助理教授的身份提交了申请。完成此项重任后,心里安稳了不少,开着租来的搬家车,带着父母、太太,以及2岁半的女儿于2000年7月4日去布法罗走马上任了。

申请基金的"生死战"

到布法罗不久,我认识了三个与我同期报到的同系助理教授。他们都是中国人,其中一个最厉害,来之前就已经拿到了一笔NIH经费。没得说,我和其他两人都很羡慕他。过了三个月,在望穿秋水之后,我等到了NIH的通知,却发现我的申请由于没有名列前一半(top 50%),根本连评分也没有。这对我而言是晴天霹雳,一点心理准备也没有。我将消息告诉太太时,实在控制不住自己,这可能是她头一次看见我掉眼泪。我辛苦那么长时间,朋友的评价那么好,却得到这样的结果,让我感到无比痛苦。与之对应的是,我又有一位中国同事顺利地拿到了他的第一笔NIH经费。

又过了一个多月,我终于收到了两条评语。一条认为初始数据不够多,取样时间不够长。另外一条干脆认为没有创新。取样时间不够长是分子动力学的通病,而研究中间态不算创新我又有什么办法去说服?总之,不知道如何修改。系里的资深老师一致认为对于研究人类的 NIH 而言，不会对贝类血红蛋白这个体系感兴趣，这才是根本的原因，建议我把申请书送到 NSF 去。我把我的申请书重新包装并加了新的结果作为初始数据，给布法罗有 NSF 基金申请经验的同事审阅，他认为没有什么问题。又过了半年左右，得到三条评语：一个"杰出"，两个"很好"（三个"杰出"才有希望），大多是一些细节问题。我根据建议修改之后，再送了出去。再过了半年左右，又退了回来。这一回，除了原来三个审阅者之外，还有三个新的。旧问题解决了，三个新人又有新的意见。至此，我对这个项目彻底绝望，只好放弃了，因为不可能打中一直在动的目标。用于基金申请的初始数据最后于 2003 年在《分子生物学杂志》（*Journal of Molecular Biology*）上发表，我再也没有在这个方向继续做下去。说实话，我对蛋白质分子动力学模拟兴趣并不是太大，它的计算时间太长，这方面比我高明的专家太多，我没有什么独特的竞争优势，写申请的时候产生不出激情，这也许才是我申请基金失败的根本原因吧。

上面提到我在哈佛时准备了不少自己的想法和思路。刚到布法罗时，我将主要精力放在和我的博士后一起尝试这些想法，同时不断看文献寻找新的思路。绝大多数的想法其实在实际工作中并不见效，幸运的是其中一个想法的结果还不错：这个想法是把我在哈佛做的非连续分子简单蛋白质模型发展成全原子模型，这样可以更好地处理匹配的侧链形状。围绕着这个新模型，我于 2001 年 10 月 1 日递交了第二个 NIH 基金申请。到了 2002 年 2 月底，我得到了消息。这回有了分数，总评是 38.4%（top 38.4%），但离 20% 左右的分界线还差很远。这时，和我一起来的其他三个中国同事都拿到 NIH R01 的经费了。R01 是 NIH 的主要项目类型，类似国内的国家自然科学基金的面上项目，通常支持 3～5 年。当时系里给我的压力特别大，因为五年时间过去了一半，系主任甚至认为我获得终身副教授的希望不大，开始询问其他系有没有愿意接受我的——如果我再失败的话。

第一笔 NIH 基金

尽管没有好消息，拿到评语后，我发现大多数属于可以改正的细节问题。除了补充细节之外，我把在实验方面合作的建议拿掉，因为此前没有合作的经历，被认为不可靠。我于 2002 年 7 月 1 日提交了申请书的修正版。这个修正版于 10 月底获得了前 18.1% 的总评。因为这分数在可得经费的边界上下，我直到 2003 年 2 月才收到正式通知，确认经费到手了。我的父亲于 2003 年 1 月在布法罗一家医院去世。未能在他走之前得到这个好消息，让他对我的前途放心，是我最大的遗憾。

这次能够成功申请基金的主要原因是我剑走偏锋，在非连续分子动力学这个冷门领域开垦了一块自成一体的自留地（niche）：独创还是制胜的关键。在得到这笔基金之前，我还申请了许多其他小的项目，无一成功。幸亏启动经费充足，让我有足够的时间等到我的第一笔基金。不然的话，还不知道我现在在哪里呢。当然我的体会可能仅局限于计算生物学这个理论领域，做实验项目可能更实用一些，应该更易写清楚实验的意义所在，基金也许更容易拿一些。此外，写论文和写项目申请很不一样。论文写已知的结果，项目申请写的是可能的结果。怎样写得逼真、思路缜密，对理论计算方向来说，实在不容易。

开创性工作和第二笔 NIH 基金

在焦虑等待第一笔基金期间，我和我的博士后，来自清华大学的优秀博士周宏毅合作取得了一些开创性的成果。其中之一是蛋白质的统计势函数。蛋白质折叠的自由能由溶剂条件下的原子间相互作用加上熵的变化所决定，很难被经典力学的对相互作用（pairwise interaction）所拟合，由于计算量巨大，也无法通过量子力学计算来模拟。所以科学家开始尝试从已知的蛋白质结构来反推蛋白质内氨基酸之间的相互作用，这就是所谓的统计势函数。萃取统计势函数需要首先统计蛋白质结构库的结构信息（例如两个原子出现在一定距离的次数），然后扣除无相互作用状态下的势的贡献，以获得净相互作用势。过去的方法是以平均场作为无相互作用的参考态，假定所有原子之间的吸引与排斥相互作用在平均之后可以互相抵消为零。很明显，吸引和排斥互相抵消这个假设是不可能成立的，导致了无法泛化的统计势函数，不同的结构数据库会产生不同的统计势函数。从物理的角度来讲，无相互作用的参考态应该是符合统计力学中的理想气体状态，但是由于蛋白质被肽键链限制在一个有限空间里，我们设计了一个有限空间理想气体的参考态，并由此通过蛋白质结构的统计获得了统计能量函数 DFIRE。该能量函数为蛋白质结构预测，以及蛋白质-蛋白质、蛋白质-DNA、蛋白质-小分子相互作用的预测带来了较大的影响。这篇文章虽然发表在一个在国内被定义为"三流"的杂志上，但它是到目前为止我唯一的引用次数超过 1 000 的文章。相比而言，我在哈佛做博士后期间更早发表在 Nature 的关于蛋白质折叠动力学的文章的引用次数也才 300 多，所以一篇真正好的文章所产生的不是短时间的轰动，而是经久不息的影响。

  以 DFIRE 研究为基础，我又提交了关于统计势函数的 NIH 基金申请。这次评分一次性得到了 12%，并在 2003 年 5 月正式收到通知。我获得第二笔 NIH 基金，只比第一笔晚了几个月。系主任特别高兴，告诉我可以提前申请终身副教授。系主任之所以会有从认为我不可能得到终身职位到建议提前申请终身职位的转变，是因为有一个不成文的说法，一旦获得两笔 NIH 基金，就有资格跳槽了。到了 2003 年年底，我在布法罗的 3 年内已经发表了十几篇论文，又独立拿了两笔 NIH 基金，再加上在各地做了不少讲座，虽然没有什么 Nature 和 Science 文章，我还是在 2004 年年中成功地提前两年获得了终身副教授的位置。

两点体会

虽然说我努力争取终身职位的过程有惊无险，但有一点体会值得提醒所有奋斗在路上的人们——一定要把人生当作一场"持久战"。我刚开始在布法罗工作时充满了干劲，全身心投入工作中，晚上回到家常常感到筋疲力尽，仿佛一团糟。后来，在家人的提醒下，我调整了生活、工作方式，效率反而提高了。我曾将这个故事分享给那些刚刚成为助理教授的朋友们，强调保持职业生涯稳定的重要性——没有什么事值得拼命，而且拼命未必是最有效的方式。科研需要时间来思考和放松，只有这样，创新才能更容易涌现和蓬勃发展。

2004 年，本书作者（右四）在布法罗的研究组成员

还有一点体会是，招博士后不一定非要找有经验的学生。我最好的博士后之一周宏毅是清华大学核物理计算专业毕业的博士，在和我一起工作之前没有一点生物学的背景。作为一个助理教授，当时也没有同一个专业的博士申请我的博士后。我用 Stell 带我的方法来带周宏毅，不断"喂"他我认为值得关注的论文。周宏毅能够很快从新的角度上手，进行独立工作。因此，后来我招博士后主要看各方面能力，而不是看有没有计算生物的经验。

瓶颈中的思考

拿到终身教职之后的 2004 年年底，周宏毅和我发展的 SPARKS 基于模板的蛋白质设计在国际 CASP（Critical Assessment of Stucture Prediction）蛋白质结构预测比赛中获得了第一名。我开始思考，是不是该换一个地方了？因为我发现在布法罗待了近 5 年，工作进入了瓶颈期，该认识的也都认识了，和其他老师也没有产生合作的火花。此外，在医学院很难招到对计算有兴趣的学生，在布法罗也只有一个中国科学技术大学毕业的学生做了我的博士生（他后来回到布法罗做教授了）。还有一点比较现实的考量，由于申请过程的艰辛，我拿到的两笔 NIH 基金以后能不能续上，我心里没有一点底。如果我换一个地方，新单位一定会给一笔实验室建设费用，这样在经费方面可以有几年的缓冲期。除此之外，我对布法罗这座城市的未来不是很看好，人口在不断下降，没有一种欣欣向荣的感觉，而且冬天太长，五个月有雪，每几年就有一场封城大雪。来到布法罗的第一年，要不是太太带着孩子选择地铁"逃"得快，大雪差一点就把她们困在市中心的高速公路上了。我有一个同事林欣是医学院微生物系的助理教授，他和我同期入职布法罗大学医学院，我们家就在他们家别墅附近建了房子，成了几步之遥的邻居和朋友。他获得了一项 NIH 基金后，2004 年就搬去休斯敦 MD 安德森癌症中心了

（现在是清华大学教授），他的离开对我想动一动起了促进作用。

刚到美国时，我很不喜欢这样不断地搬迁，那时我最爱在嘴边哼唱的歌就是印度影片《流浪者》的插曲《拉兹之歌》。Karplus和我说他原来计划每过几年换一所大学：他先在UIUC（伊利诺伊大学厄巴纳-香槟分校）任教，然后去了哥伦比亚大学，再到哈佛；到了哈佛后，就陷在那儿了。曾经有一段时间他因为喜欢法国文化及饮食，想到法国全职工作。但因为法国不允许外国人全职，只好半职。而我现在明白了他当年为什么会喜欢这样"动荡不安"的日子。我不认为布法罗会是我的终点，觉得需要跳出我的舒适区，于是再一次开始找工作。不过，这次是骑驴找马，可以有挑选地找。在面试了几所学校后，只有一所学校提供了合适的岗位，那就是印第安纳大学医学院的计算生物和生物信息学中心。

印第安纳大学医学院计算生物和生物信息学中心是一个新建的中心。中心主任Keith Dunker是最早指出蛋白质存在内在的无序区域，甚至整个蛋白质都可以是无序结构的人，2022年他因此还得到了诺贝尔奖的提名。他对我的工作特别欣赏，提供了一笔非常吸引人的实验室建设费用（setup cost），同时我挂靠的印第安纳大学信息学院同意接收我直接从布法罗的终身副教授升为终身正教授。那时我的两个女儿还小，当然不会有什么意见。太太虽然不得不辞去稳定且舒心的汇丰银行美国总部会计工作，但是她非常珍惜我这次难得的快速上升的机会，于是大家决定卖房搬家。

第八站
印第安纳：为什么，要去"脚底"的澳大利亚？

获取经费的努力

2006年6月，全家离开美国东北部的布法罗，来到位于美国中西部（midwest）的印第安纳州的印第安纳波利斯市。印第安纳州以一望无际的玉米地出名。没想到，这里居住的华人比布法罗多，还有小中国城，华裔教授也比布法罗多，所以我们一家很快就融入新环境了。

在印第安纳，我想做的第一件事是改进DFIRE能量函数。

DFIRE 原来只是一个与距离相关的统计势能函数，不能处理有方向性的极性相互作用。中国科学技术大学毕业的杨跃东博士（现在是中山大学教授）在加入课题组之后不久，我们就找到了一个加入极性相互作用的方法，并证明了这个极性 DFIRE（dDFIRE）的用途。通过这项前期工作，我顺利地拿到了第三笔 NIH 基金，接上了上一个关于 DFIRE 的基金，而后来与加利福尼亚大学戴维斯分校段勇教授合作的分子动力学预测蛋白质结构的项目，也接上了上一个蛋白质动力学的基金。但是，这些经费都是在到印第安纳的第二年和第三年才获得的，而在此之前都经历了一系列的失败，应该说挫败感要胜于成功感，好在中心提供的实验室建设费用起到了预期的缓冲作用。

科研的合作和扩展

到印第安纳一个好处是，除了启动费用，我原来没有用完的 NIH 基金也可以从布法罗转过来。利用这些经费，我能够扩大团队。扩大团队的一个好处是可以尝试新的方向。在印第安纳，我们在继续进行蛋白质结构和蛋白质功能预测之外，开始尝试致病突变的预测以及蛋白质设计。这里我们做了两项开创性的工作。一是 2008 年开始基于人工智能的方法，从蛋白质的序列来预测蛋白质主链的连续二面角，这项工作由薛斌博士后具体负责，他是南京大学博士毕业生，现在是南佛罗里达大学的教授。这项工作为后来的无结构碎片蛋白质结构预测方法 AlphaFold（2018）和端到端蛋白质结构预测方法 AlphaFold 2（2020）都提供了不可缺少的基础。二是在 2014 年，我们创立了基于人工智能方法从蛋白质结构预测蛋白质序列的研究方向，具体工作由博士生李职秀负责，她现在是南方科技大学的教授。这个方向，由于最近几年人工智能深度学习能力的大幅度提升以及 AlphaFold 2 对蛋白质结构预测的突破性进展而日新月异。

蛋白质设计有望在几年内成为药物设计、疫苗开发、工农业用创新蛋白酶的首选。

到印第安纳的另外一个好处是，能够与更多的同事进行合作。我在布法罗期间发表的 47 篇论文里，居然没有一篇是和布法罗其他老师合作的。而在印第安纳期间发表的 39 篇论文里，有与 Keith Dunker、Samy O. Meroueh、Yunlong Liu、Sarath Chandra Janga 和 C. Cheng Kao 等老师的合作成果，虽然没有出什么大成果，但是能和有共同兴趣的同事相处并进行合作交流，表明这里有良好的互补的科研环境。

科研外的影响

我在印第安纳还做了两件有影响力的事。一是前面提到的，我在 2007 年为庆祝母校中国科学技术大学五十周年校庆而写的《写

2010 年，本书作者（左一）在印第安纳的研究组成员

好英语科技论文的诀窍：主动迎合读者期望，预先回答专家可能质疑》，在国内网站上广为流传。二是一位物理专业出身的优秀博士后在我那里工作一年后，因为眼前利益离开了我们组，我认为这不利于他的长期发展，这件事触发了我写博客的念头，并在 2010 年 9 月写了第一篇题为《克服恐惧，大胆走出自己研究方向的舒适区》的博文，这一习惯一直坚持到现在。

受益匪浅的家庭

搬迁到印第安纳对我的家庭也有意想不到的益处：两个孩子在布法罗基本上是散养，没想到印第安纳州对中小学的学业要求更高，在那里她们遇到了优秀的课外数学、化学老师，卓越的钢琴老师，这促进了孩子，特别是大女儿，在各方面的发展；而我太太到印第安纳不久后决定改行，去新修了一个印第安纳大学的教育硕士，成为有印第安纳州执照的美国中学汉语教师，真正找到了她心爱的事业。

从纯计算到计算加实验

2010 年，中国科学技术大学毕业的詹剑博士（现在是深圳湾实验室研究员，"砺博生物"创始人）加入了团队。他过去丰富的实验经验，让我开始了计算与实验结合的梦想。感谢医学院同事叶其壮教授，他给我们提供了他实验室的仪器设备和材料，让我们开始了通过深度突变来推演蛋白质结构，以及设计结构破坏多肽来抗菌的实验。但是由于条件的限制，实验进展比较慢。很显然，印第安纳大学不可能再给我另外的经费来进行这个新的尝试，我开始考虑换一个地方。因为我在印第安纳信息学院负责生物信息这个专业方向，有一定的领导经验，所以开始申请讲座教授或者系主任的位置并得到了一些面试，但对方一听说我想要建一个自己的生物实验室，都没有了下文。

2012年，为了使自己对实验过程有更好的理解，以利于今后开展这方面的工作，我参加了印第安纳大学医学院李教授开办的暑期分子生物学短训班，每天朝八晚五，必须坚持三个星期。每天上午，我们听关于方法及原理的讲座，李教授非常风趣幽默，讲得深入浅出。下午，我们穿上实验服，做分子生物学实验。我记得上一次做实验还是二十几年前做研究生的时候，那时我是无机化学实验课的教师助理。做生物实验和做化学实验感觉不太一样，觉得它不像化学实验那样定量，毕竟做微生物实验是和看不见但有生命的体系打交道。三个星期的学习把我零零碎碎日常自学来的生物学知识贯通了，看实验文章也不那么头疼了，真是学了不少东西。李教授开了二十多年的课真是名不虚传，怪不得有几位学生专门从非洲飞过来听课，这也致使我后来让上高中的女儿们专程从澳大利亚飞到美国来修李老师的课，学习分子生物学的实验技能。

什么？Down under？

我有一个博士后 Tamjid Hogue，他现在在新奥尔良大学做教授。他是 2011 年从澳大利亚格里菲斯大学来的。2011 年下半年的一天，他告诉我，他以前的导师告诉他，位于澳大利亚黄金海岸市的格里菲斯大学有一个英制正教授的位置（相当于美国的讲座教授），有非常可观的启动经费，问我有没有兴趣。澳大利亚黄金海岸市，那是一个我从来没有听说过的地方。我在网上搜索了一下，发现它还是一个旅游胜地，心想，去旅游一番也没什么坏处，于是就申请了。当年年底通过网上面试后，我于 2012 年夏天去澳大利亚现场参加了面试。因为并没有真的想去澳大利亚，毕竟除了美国，我最想去的还是中国，所以面试前，我带着太太和两个孩子先回到中国，在国内几所大学转了一圈，甚至参观了一所录取外籍生的中学以备两个女儿就读。但是在那个时候，国内还没有启动经费之说，都是要求先回国，再申请经费，况且孩子在国内受教育能不能适应也得考量，所以当格里菲斯大学给我聘书、同意我带两个研究员（一个计算，一个实验）在糖组学研究所建立自己的实验室，并有足够的启动经费可以真正地尝试理论和实验的结合，我不由得心动了。

但是，在美国东奔西走的，好不容易安顿了下来——印第安纳是我待的时间最长（七年）的地方。大女儿从小学上高一，小女儿自幼儿园到五年级的时光都在这里度过，老师好，朋友多。而我太太在五年内把我们居住地区的初高中汉语班从无到有、从小到大发展得有声有色，让汉语成为仅次于西班牙语的热门外语选修课。如果去澳大利亚，人生地不熟，一切又要从头开始。所幸太太忍痛恩准，女儿们谈判同意，更重要的是，杨跃东博士一家和詹剑博士一家都同意和我一起去澳大利亚开辟科研新天地，非常感恩！

2013年6月，一切准备就绪，我和大家一起飞往一个被美国人称为down under（脚底下）的地方。

第九站
澳大利亚昆士兰：廉颇老矣？

格里菲斯？

　　知道我要离开印第安纳去澳大利亚之后，大家的第一个问题都是"要去哪所大学"。格里菲斯？大家的第一反应都是"没听说过"。说实话，我也没听说过。虽然我的一个博士后是从那儿来的，但谁能记得住呢？那时对澳大利亚，我除了袋鼠和贝壳状的悉尼歌剧院，真是一无所知。其实，也真不能怪谁，这个格里菲斯大学1971年才在内森（Nathan）成立，比我年纪还小。而它的黄金海岸校区更是直到 1989 年才建立。但自从 2004 年成立了医学院，加之它有着当地无其他名校竞争的优势，黄金海岸校区一跃成为格里菲斯大学里最大的校区。在黄金海岸，只要问 Uni（大学），都知道是去格里菲斯。

黄金海岸校区实际真不大，从一头走到另一头也就花 15 分钟左右，跟国内许多大学的校园无法相比。整个校园依山而建，大多数建筑都很低调，掩映在树木之中。由于是上下坡的地面，一栋楼不同的门常开在不同的楼层。有时进门是一楼，从另外一面出去却必须爬上三楼。刚到时，常常要看看门号以确定自己所在的楼层。最新建好的图书馆和校医院及研究中心却比较张扬：有的"头戴红帽"，有的"身披绿袍"。大概学校觉得要从韬光养晦的阶段进展到有所作为了？刚到时，学校里到处张贴的口号是"新格里菲斯 2013—2016"，这些新建筑就是新格里菲斯的一部分。不过我更倾向于比较简陋的旧建筑，在我看来它们平易近人，与自然环境更加融洽。学校以商学院最出名，据说在澳大利亚排名第四。一号楼就是商学院的，此外六号、二十七号楼也是商学院的。有了这三栋楼还不够，学校又建成了一栋新的，是一座"绿衣红裙"的高楼，看起来挺摩登、性感的，里面有经商模拟室。有很多国内的留学生在商学院学习，其首屈一指的专业是酒店管理。黄金海岸是旅游胜地，酒店林立，这个专业不红也难，工作好找啊！而整个学校有 100 多个国家的留学生，远远超出我的想象，什么时候国内的大学能有这样的吸引力？

我去的学院当然不是商学院，而是信息和通信技术学院（Information & Communication Technology），有点类似于美国的计算机系。与印第安纳大学的信息学院（Informatics）比，这个学院的名字就有点"土"了（old fashion）。不过，因为印第安纳大学信息学院的名字太超前，大家都不知道 Informatics 是干什么的，所以我离开之后，学院还是改称信息和计算学院（Informatics and Computing）了。在格里菲斯大学，这个学院分布在内森和黄金海岸两个校区，虽然内森历史更久，但黄金海岸的学生数量及质量已超过它了。我们学院与湖南的一所学校有"3+1"模式的合作办学，而格里菲斯大学与中国国家自然科学基金委员会、中国科学院大学有合作项目，所以有一些国内来的大学生和研究生就读。不过，在我们学院里读研究生的中国人还是不多。另外，在这儿读博士不需要上课，一般集中精力研究三年发表论文就行，和美国真不一样。

我的实验室挂靠在黄金海岸校区的糖组学研究所。糖组学研究所所长是Mark von Itzstein。他是1984年从格里菲斯大学毕业的有机化学博士。1986年，他在莫纳什大学成功地发现了后来被命名为Relenza（瑞乐沙）的流感病毒抑制剂而一举成名［Relenza是目前正在商业化使用的两大抗流感病毒特效药之一，另外一种是Tamiflu（奥司他韦）］。2000年，他从莫纳什大学系主任的岗位离开，带了两个助手回到母校建立了糖组学研究所。在他的领导下，研究所不断壮大，有两栋楼、几百人，所里的生物化学实验条件是吸引我到澳大利亚的主要原因。

广泛的合作

在澳大利亚住了一段时间后，我发现在澳大利亚合作比较容易找。刚刚到澳大利亚的第一年，我根据网站上的研究介绍，毛遂自荐地去拜访了有合作可能的和我的研究互补的老师。在我们糖组学所内，我就成功地与10个研究组在抗菌、抗病毒、抗癌小肽实验上达成合作。此外，我在学校内还与其他研究组在机器学习、生物信息的应用上有合作。同时，慢慢与邻近布里斯班市和阳光海岸市的大学也有合作者了。相比而言，我在美国十几年，前前后后也有不少合作者，有好几个还继续在合作，但数量上比澳大利亚就少很多。

一方面是由于美国压力大，大家都忙碌着自己的事，没有空去与别人合作。另外一方面，这与我在计算和实验两头并进，合作的方向和机会大大增加也有关。特别值得一提的是和格里菲斯大学内森校区 Kuldip Paliwal 教授的合作。Kuldip Paliwal 教授是国际著名的机器学习专家，他和他的同事（Dr. Schuster）首次提出已被广泛应用的双向循环神经网络（Bidirectional recurrent neural network）方法。在2013年年初去澳大利亚之前，我们就尝试使用深度学习，但因为周围缺少有经验的合作者，一直进展不大。如今我的结构生物信息学经验，加上他们的深度学习研究背景，使我们成为把深度学习工具应用于蛋白质二级结构和二面角预测的先行者，并开发了蛋白质设计和蛋白质结构无序区预测的深度学习工具，其中蛋白质结构无序区预测在2019和2022年国际蛋白质无序区域预测比赛（CAID）拿了第一名。更重要的是我们打开了 RNA 结构预测的新领域，打破了 RNA 二级结构预测精度的天花板。

2019年，本书作者（右一）的糖组学研究组成员

实验室的进展

在实验方面，我低估了建实验室的难度。许多实验用的设备、材料和试剂要从国外进口，时间长、手续多、费用大。澳大利亚对实验室安全方面的规定特别多，比美国还要严格。有新想法，首先要过的是安全关。尽管如此，我们从2011年年底在美国印第安纳大学开始的设想，经过8个研究组、17个人近7年的共同努力，终于在我到澳大利亚5年后变成了杂志上的白纸黑字。这是一篇寻找能破坏细菌关键蛋白结构的小肽，并验证其导致细菌无法产生抗药性的文章。传统的药物设计方法是针对致病蛋白质（药物靶标）表面上的功能位置，通过药物分子对功能位点的特异性黏附来抑制靶标的功能而实现疗效。但是，如果仅仅"堵"住蛋白质表面的活性位点来抑制其功能很容易产生抗药性，因为这些活性位点可以通过自然发生的局部随机突变，在不丢失靶标原有功能的基础上，使药物失去它的黏附效果。我们提出的药物设计思路针对的是靶向蛋白质结构，而不是蛋白质表面活性位点。因为结构是功能的基础，一旦结构被破坏了，靠局部小突变不太可能再恢复原来的结构，也就是说，病原体很难通过突变来产生抗药性。这个方法对于其他易于产生抗药性的疾病（例如癌症和病毒性感染）也有相当的指导意义，希望能够给抗药性疾病药物的快速、有效研发带来积极的作用。

不够用的科研经费

对于科研而言，澳大利亚也有不利因素：国家人口少，研究经费分配不足，但高水平科学家不少（目前有12位诺贝尔奖获得者），所以申请经费的竞争和美国一样激烈。而且这里过于注重发表所谓高影响因子论文的经历，不利于像我这样换新方向、从计算转实验的人。虽然一到澳大利亚，我就拿了两笔澳大利亚国家卫生和医学研究理事会（NHMRC）关于致病基因突变研究的经费，后来也陆陆续续拿了澳大利亚研究理事会（ARC）的经费，但这里各种花费要比美国高很多，特别是人工费用，经费根本不够用。好处是学生的费用是学校包的，而且澳大利亚本土和外国学生都很优秀，所以课题组比在美国大了一些。

家庭的成长

来到澳大利亚，让我的家庭再次有了意想不到的收获。大女儿来到澳大利亚读高一，如鱼得水，各方面都出类拔萃，特别是美国与澳大利亚的文化差异使她写出了一篇幽默的文章，一举打动了哈佛大学本科的录取评审员，实现了她来澳大利亚前暗自许下的"我会回来的"愿望。而来澳大利亚之前，内向的小女儿朋友很少，她自己和我们全家人都担心她到了澳大利亚因口音问题而交不到朋友（对此我深有体会），没想到她的美国口音受到了可能看惯了美国电影的澳大利亚同学的欢迎，她很快交了一批好朋友，开始乐不思蜀了。而她的学业，也随着她在高一阶段的觉醒得到了全面的发展，最后去了麻省理工学院读本科。我太太在澳大利亚的第一年顺利地

2020年，一家四口

考取了澳大利亚中小学汉语教学执照,在小学教汉语的同时,在格里菲斯大学担任兼职汉语讲师,后又成为澳大利亚昆士兰黄金海岸汉语教师协会创会会长,继续她心爱的事业。

回国的念头

澳大利亚还有一个好处,就是离中国近。离开美国,和美国的同行也只能在论文上见了,除了搬去的第一年,后来几乎收不到来自美国的会议和大学的讲座邀请了,因为交通费用太高。但离中国近了,而且时差只有两个小时,所以我有空就回国转转,和国内的合作也增加了不少。由于回国访问机会多了,我越来越体会到国内对科研的重视程度比澳大利亚大得多。是不是该回国了?主要是有了实验室,计算和实验结合的设想多了,想再做大一点。我开始有选择地投简历,但大多数地方连回音都没有,唯一的面试(西湖大学)没有成功。还有的地方要求有"人才"称号才能考虑,申请了也没有成功。后来慢慢地知道,国内的许多大学对年龄有潜在的要求,我当时已经五十几岁了,大多数大学对我已经没有兴趣了,更不用说我没有什么"顶刊"文章,也不是国外科学院的院士。

过去人们常常认为对于做科研的人而言,二三十岁是创造力最佳的时期。有位名人曾说过,三十无成的话就不能成了。2011 年 *PNAS* 上的一篇文章发现这话在 20 世纪初还有一定道理,但 1985 年以后,诺贝尔奖获得者发表获奖文章时的平均年龄为 50 岁上下(物理 50 岁,化学 46 岁,医学 45 岁)。文章作者认为其中的原因是拿学位的时间变长了,重大理论性、概念性的工作变少了,以及重大发现需要更多的知识和经验积累了。事实上,我自己感觉现在常常还有很好的设想,还可以继续做有创新价值的科研。

在多次申请回国"失败"之后,我决定留在澳大利亚,这里气候好、环境美、合作机会多,虽然经费不多,但慢慢做也是可以的。

就在我决定放弃回国念头的时候，刚刚成立不久的广东省深圳湾实验室向我提供了一个资深研究员的职位。充足的实验室建设经费终于说服了我。这时候，两个孩子先后被美国哈佛大学和麻省理工学院录取，我也没有了"后顾之忧"。虽然大家一致认为黄金海岸市是我们到目前为止住过的最适合居住的城市，但太太依然一如既往地支持着我。尽管我在 2020 年年底得知自己获得了新的澳大利亚研究理事会 ARC 基金（2021—2023），而且当时新冠肺炎疫情使回国困难重重，我还是义无反顾地在 2021 年 3 月来到深圳，开始了新的长征。

下一站 广东深圳：新的长征

回顾过去一次次地离开自己熟悉的地方，刚开始是随大流而动，有几次是被迫无奈，再后来由于尝到甜头而变成了主动求变。事实证明，每次离开自己和家人精心建设好的舒适家庭和事业环境，虽然增添了一些搬迁引起的烦恼，但无论是个人和太太的事业，还是孩子的成长，事后的收益都远远超过那些短暂的不便。朋友圈的扩大、与新同事的合作、新文化的冲击和汲取，无不丰富着我们的人生经历，促使个人成长。正是怀着这样的信念，我回到了阔别了36

年的祖国，到深圳湾实验室开始全职工作。

我在回国后，首先明显感觉得到的是国内科研水平的飞升。通过会议和去大学、研究所访问交流，发现许多青年科研工作者具有国际一流的科研成果，大多是通过多年不懈努力所获得的，充分反映出有一批人能够沉得住气、做大创新、解决大问题，不再满足于肤浅、"短平快"的研究了，真好！其次是科研信息流动快、交流方便。国际重大科研成果在国内的传播几乎是同步的。虽然一些公众号有时用夸张、误导的标题来吸引读者，但有足够兴趣的人可以进一步去看原文。更有许多热心的小同行在微信群中分享信息，让我常常可以从中了解有用的、最新科研进展。另外还有一点是国内科研体量大。我在国内有两次视频直播讲座的机会（一次是关于RNA结构预测的，一次是关于蛋白质从头设计的），在线听众过万，这么专深的小领域讲座也会有那么多的听众，这在国外是不可想象的。科研水涨船更高，长江后浪推前浪，从中可以想象出今后各个

2021年，本书作者（前中）在深圳湾实验室的研究组成员

领域的科研在国内的发展势头，更不用说合作机会了。无论是单位内外、省内外，大学、科研机构还是公司，有好设想，莫愁没有合作伙伴。一通微信，从不认识到合作几乎是分分钟的事情。大家都乐于助人，互相帮忙。每开一次会、出一次差、吃一次饭，微信朋友都会"长"一圈。当然最重要的是各级政府对科研的重视。从国家、省、市一直到区政府都有各种各样的科研计划和人才项目。虽然国家基金已经不像以前那么容易申请了，但省级和市级研发经费起到了很好的补充作用。此外，成果转化的机会多。从政府到投资公司都在找项目，我的微信里已经有了不少投资公司的朋友，有的是通过文献自动找到我的，有的是朋友或者朋友的朋友介绍的。我们深圳湾实验室也在筹办自己的投资控股公司，并有三个各有侧重的成果转化中心。

  但是，这次回国工作对我来说是一次新的长征，因为我将不再局限于蛋白质/RNA的结构和功能预测以及设计的基础研究，而是想组建一个多学科交叉的团队。现在团队已经初步建成，计划通过AI（人工智能）计算与高通量实验结合，在基础、应用以及研究成果转化上齐头并进。特别是，在2022年年底，我和詹剑、方超博士一起建立了砺博生物，进行靶向RNA小分子药的研发，希望加快创新药研发进程。毫无疑问，无论是科研还是转化，一定会面临种种挑战。因此，我们课题组的座右铭是："成功是建立在失败的长期堆积和发酵上的。"正是因为有挑战，才会有努力的激情。深圳，我来了！

II.

◇ 2018年10月4日
◇ 2018年1月21日
◇ 2017年9月12日
◇ 2017年2月13日
◇ 2016年9月18日
◇ 2015年5月24日
◇ 2014年7月26日
◇ 2014年3月16日
◇ 2014年1月16日
◇ 2012年4月9日
◇ 2010年12月28日

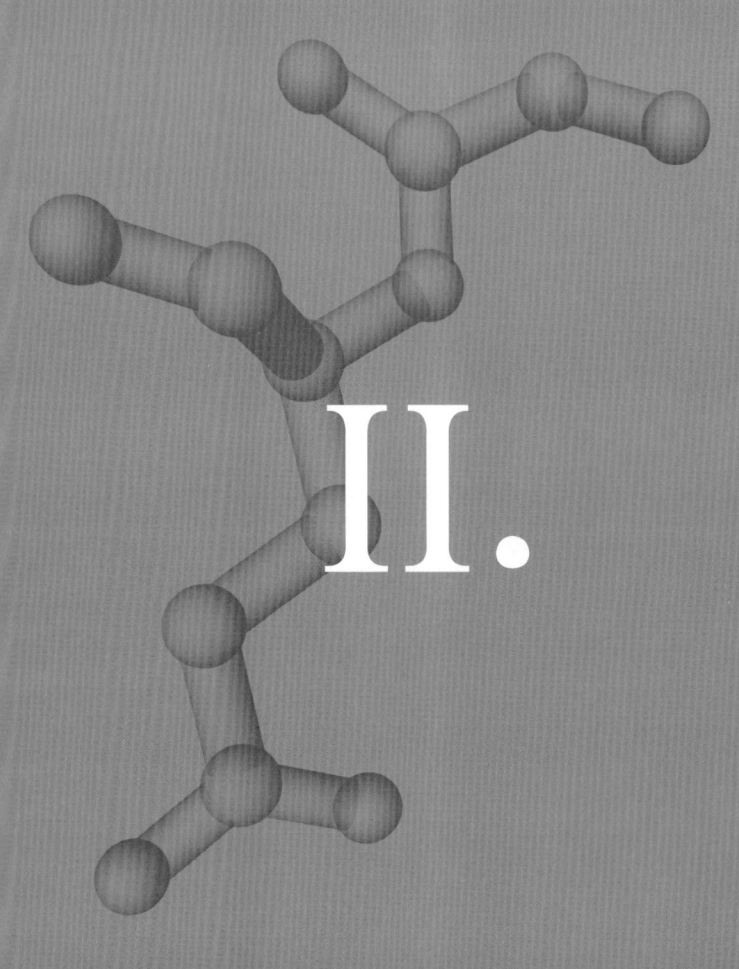

人生故事

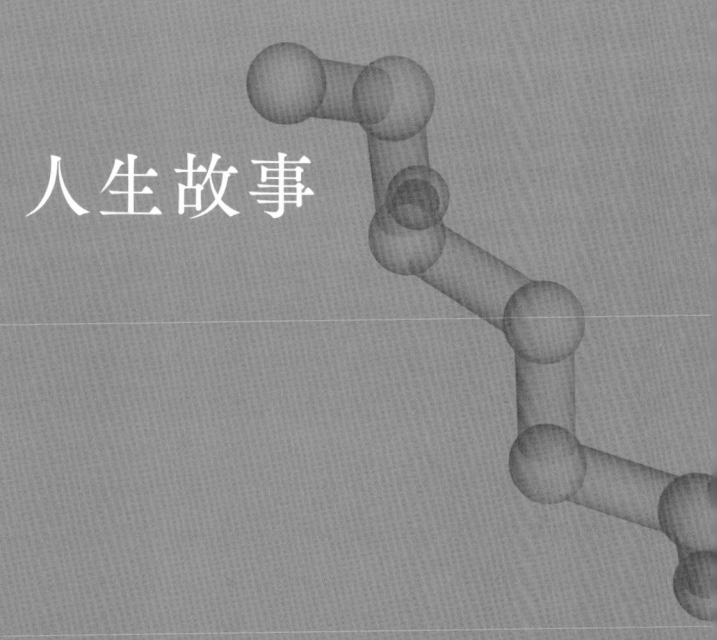

◇ 2022 年 3 月 7 日
◇ 2021 年 7 月 14 日
◇ 2020 年 8 月 30 日

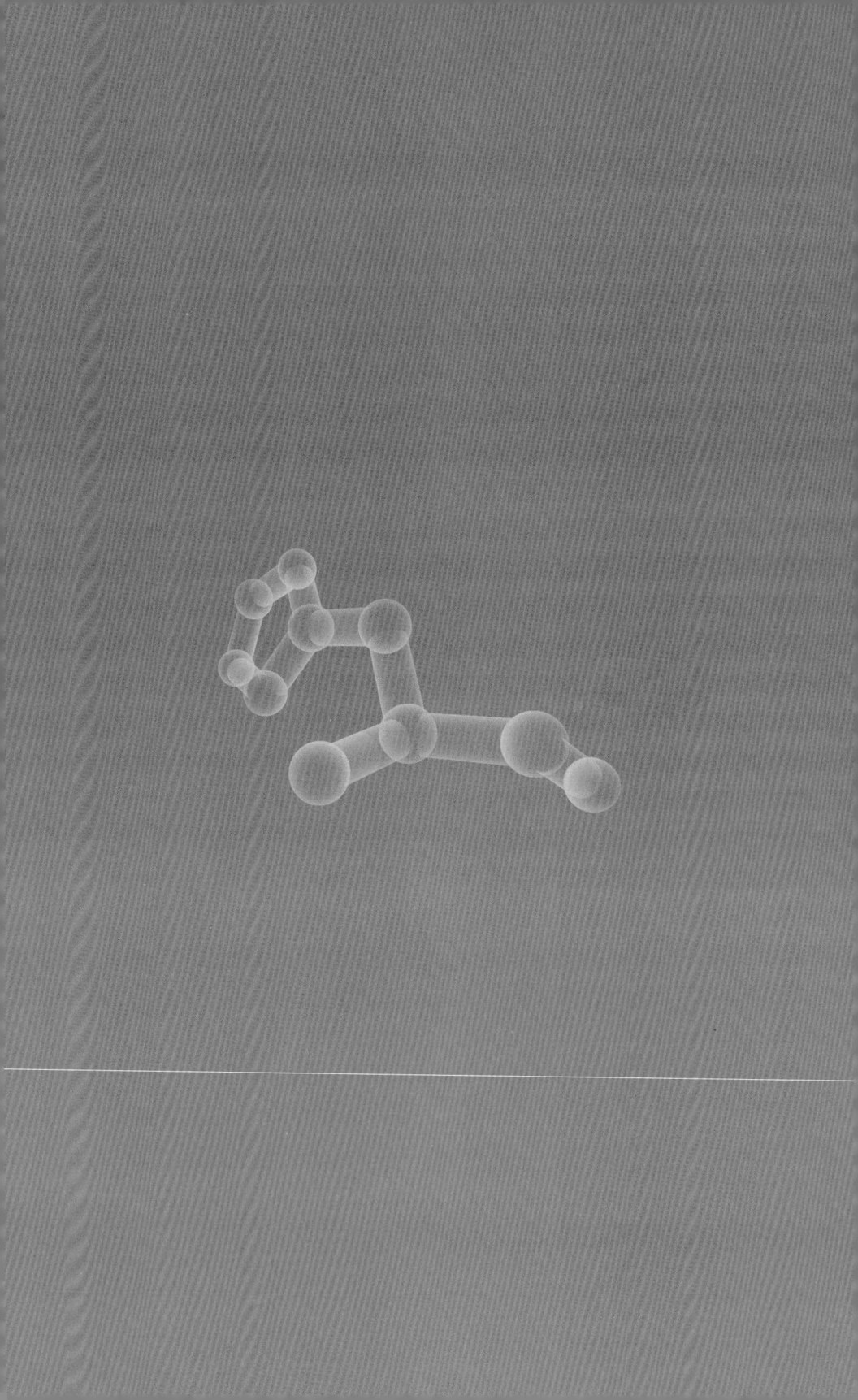

2010年
12月28日

写于
美国印第安纳

不煮饭，何以主天下？

"做家务的关键是眼里有活"，这是小时候我去亲戚家妈妈时常叮嘱我的事。所谓眼里有活，就是指不用别人提醒就能看出有活可以干。看见地上脏要想到扫地，看见做饭用的菜买回来了，要想到洗菜。吃饭后，要想到洗碗或擦桌子。看见茶杯空了，要想到加茶添水。总之，不能看而不见、见而不思、思而不动。换言之，要主动而不是被动地去帮忙、去凑手才能真正受到亲戚的欢迎。我在纽约读研究生时常常去同学那儿蹭饭，就把洗碗包了下来。结婚后，就自然成了我们家的洗碗机了。眼里有活的关键是用脑用心,看到就想到,心动就行动。

眼里有活、用脑勤快乃科研之本。一个学生如果只是被动地做导师要求做的,那么他只是一个熟练技工而已。更重要的是要看到导师没有看到的、想到导师没有想到的、做到导师没有做到的,导师"举一"你要能够"反三"。眼里有活就是要善于发现问题,看出目前方法的缺陷,找到解决问题的办法。眼里有活就是要主动分析得到的结果,寻找因果关系,解释所得到的数据。千万不能认为导师没看到、没想到的你也想不到,各人的思路、角度、知识不同,导师没想到的说不定你就能想出来。要有信心,才能极大地发挥出你的才能。

我认为科研勤奋和生活勤快有相当的关联。我的哈佛导师、诺贝尔奖得主 Martin Karplus 是家庭主厨,家里有个书橱全是各国菜谱。我曾有幸被他请到家里做客,手艺的确不一般。其实,烧菜就像做化学实验——把各种材料混在一起,加热进行反应,加油进行有机物萃取。反应过头了,就变成了焦炭;反应正好,香味才能出来。有时又像是生物实验,例如怎样把面发酵好是一个技术活。更多时候像物理实验,这刀功要练好也不容易。至于我洗碗的基本功是在大学化学系做化学实验洗试管洗出来的。学过洗试管的就知道,判断有没有洗干净,水过留不留滴痕是关键,不过现在化学实验用的试管应该都是用机器洗了。

现在很多家长不让独生子女做家务,认为孩子学习好就行。其实做家务也是一种学习,它不仅仅有助于动手能力和观察力的培养,更是培养待人处事能力的好办法。只有从小养成眼里有活、心动手动、事事主动的习惯,长大才能在职场上游刃有余,主动把握自己的命运,找到自己的"金饭碗"。现在很多学生聪明但不勤奋,这与从小衣来伸手、饭来张口很有关系,懒惰会限制他们的发展。前几天我的大女儿（12岁）学会了炒豆芽，我们特别高兴。会炒豆芽，还会有什么不会炒的，化学实验的基础也打下了。东汉时有一少年陈蕃以"大丈夫处世，当扫除天下，安事一室乎"来为家中脏乱诡辩。他的朋友薛勤当即反驳说："一屋不扫，何以扫天下？"同样的道理，我认为："不煮饭，何以主天下？"只有身不懒，才能心不懒。也就是说：身心勤奋能如一，试看天下谁能敌。

2012年
4月9日

写于
美国印第安纳

身边那些"鸟事"

我们在印第安纳家中的后院有一个池塘,常常有各种各样的鸟儿飞来飞去,我的小女儿就特别喜欢研究它们,后院里放了喂鸟用的笼子来吸引它们。去年我们发现有一种专门用于喂蜂鸟的瓶子,里面放入糖水,瓶子下方有一个橡胶口,鸟可将嘴插入采食。我们把瓶子挂在玻璃门上,就可以在吃饭时观赏蜂鸟表演空中悬停喝水,再倒飞如流离去的绝活。我们的车库曾经飞进过鸟,我抓住后问我女儿要不要买个笼子把它养起来,她说她更喜欢在外面飞的鸟。有一天,她求妈妈给她买了一本关于美国中西部鸟类的书,我以为她看一页就会丢开了。前几天,我在吃晚饭时顺便用这本书考了考她,我给她看了好几种鸟的照片,她都能准确无误地说出鸟的名字。相比而言,我的大女儿对鸟的兴趣就没有那么大,看样子真是兴趣决定一切。

我小时候见到过最多的鸟就是麻雀。小学课文里鲁迅写的《少年闰土》这篇文章讲闰土用短棒支起竹匾抓鸟的故事,能抓到稻鸡、角鸡、鹁鸪、蓝背。这些鸟给我的感觉像是只有在传说中才有,真让我羡慕不已。我和我哥也试过,但只能抓住麻雀。有时我哥到屋顶掏鸟蛋,我就在下面接着。麻雀鸟蛋没有什么好吃的,远远没有在煤炉上烤的知了好吃。有一次燕子想在我们家作巢,但我爸嫌脏,把燕子赶走了,我一直感到特别遗憾。我被告知麻雀曾经被当作害鸟,村里一见鸟就敲锣打鼓赶走。到我的年代,鸟的数量已远远不如以前,现在可能更少了。村里经常可见到用于赶鸟的稻草人,效果如何,估计没人研究。飞机场的高科技赶鸟,也没能彻底解决机鸟相撞的问题,现在据说用旧CD光盘更有效。

到美国纽约长岛读书后,真是树大林广鸟多。难怪有句俗话:林子大了,什么鸟都有。但最多的还是乌鸦。乌鸦乌黑乌黑的,叫声又那么嘶哑刺耳,让我明白为什么乌鸦被当作不吉利的象征。不过它们和长岛人民和平共处,"丰衣足食"。只要天好,鸟儿一大早就会叫个不停,我在长岛常常被闹醒。我小时候则是早晨伴随着村庄里此起彼落的鸡鸣、晚上听着稻田的蛙声度过的。吵归吵,可鸟鸣林才幽,谁也不会想要一个《寂静的春天》里描述的由农药导致的鸦雀无声的景象。

鸟是勤奋的象征。我刚从长岛进纽约城玩时不明白停车场边的广告中"early bird special"是什么意思,后来才知道是早停优惠。中国有一个成语叫笨鸟先飞,英语里的一个成语是"早起的鸟儿有虫吃"(Early bird gets the worm)。我查了查,发现这句话早在 1605 年就被 William Camden 收录在成语词典里了,但发现后面还跟了一句"但是第二只老鼠得奶酪"(but the second mouse gets the cheese)。只有在第一只老鼠被老鼠夹夹住后,第二只老鼠才有机会汲取教训而成功。也就是说起得早不一定比得上来得巧,要成为先驱,而不是先烈,天时地利人和缺一不可。地利人和要靠自己奋斗寻找,天时就得耐心等待了。当然还有一句就是"早起的虫儿被鸟吃",这和中国成语中"枪打出头鸟"是一样的意思。

在波士顿做博士后时,我们有了第一个女儿。导师的太太送了我们一本罗伯特·麦克克洛茨基(Robert McCloskey)写于 1941 年的儿童图书《给鸭让路》(Make Way for Ducklings),里面讲的是一对远道而来的鸭子在波士顿中心公园定居后生儿育女,过上幸福的生活。波士顿中心公园有鸭子的雕塑,我们前年(2010 年)重游波士顿时还去参观了一下。1991 年,老布什将这些鸭子的复制品送给戈尔巴乔夫,作为和平的象征。

导师 Martin Karplus 的自述于 2006 年出版后,我才知道他小时候是靠观鸟"起家"的。他中学时在波士顿公共图书馆听了关于鸟类识别的讲座后,加入了鸟类普查兴趣组。他们发现在波士顿周围有 160 多种鸟,并发现了一个新品种。这跟鲁迅朋友闰土所知道的相比,真不是一个量级的。在这之后,他开始对一种叫 Alcid 的鸟感兴趣(找不到中文翻译,现在这种鸟已灭绝了),还曾专门说服全家到加拿大度假去进行观察。后来他利用在加拿大及美国波士顿观察 Alcid 而写成的论文获得了全国高中生西屋科学天才奖,从此,他走上了科学的"不归路"(详细见他的自述 SPINACH ON THE CEILING: A Theoretical Chemist's Return to Biology)。

中国有句俗话:麻雀虽小,五脏俱全。Karplus 的经历表明"鸟事"里面可以做文章。长久以来,人类一直低估鸟的智力,最多用它传传信、学学舌、捕捕鱼而已,这从《我是一只小小鸟》歌词里的自怨自艾就可以看出来。而在《乌鸦和狐狸》的故事里,乌鸦就被贬得一无是处。事实上,鸟会用工具,会学习,能数数。Pamela Egremont 20 世纪 70 年代在中国漓江就观察到鱼鹰捕了七条鱼后就坚决不干了,除非让它吃点[文章在《林奈学会生物学杂志》(*Biological Journal of the Linnean Society*)发表]。我记得在伽莫夫《从一到无穷大》里看到古人最多只能数到三,三以上就称为多了。鱼鹰能数到七,胜古人不少,更不用说它们是语言天才了。去年我看到一则新闻:鸟类语言有一百多个单词,能告诉另外一只鸟刚才穿绿衣戴红帽的大动物过去了。难怪"以小搏猪"的 Angry Birds(愤怒的小鸟)游戏是那么受人欢迎,快要成为芬兰最主要的出口产品了(另外一个是诺基亚手机)。

现在我小女儿告诉我她在后院已观察到了十几种鸟,数目还在闰土的级别。这几天她在家做学校四年级的科研项目:向日葵在各种条件下发芽的能力。她用了自来水、蒸馏水、软水及汽水饮料,还用了 Excel 制表。到目前只有用自来水的出了苗,最后结果将会在有家长参与的展览会上进行海报展示(poster presentation)。相信女儿能从小事出发,做出不小的大事。

2014年 1月16日　写于澳大利亚昆士兰州

口才是如何练成的？

我小时候是一个不爱说话的人。一来我最小，上有哥姐，轮不到我说话。二来我爸一直很严肃，我总怕一不小心说错话。进入大学后，想纠正，但积习难改！后来到了美国，英语口语成了新问题，中文又开始逐渐忘却，结果到今日"中不中，洋不洋"的，成了四不像。

两个女儿都在美国出生。大女儿像妈妈，从小不怯场，见人大大方方，叔叔阿姨叫得响。小女儿则像我，不爱说话，每次让她叫叔叔阿姨都很勉强。放学回来，大的常常唧唧喳喳把一天的经历和我们分享，小的扭扭捏捏，总是没有什么好说的。

为了改变小女儿怯场少言的性格，我太太真是费了不少心。先是让她上舞蹈班"抛头露面"，再进话剧班展示自我（想不到她还真挺喜欢在美国学校里演话剧的），又在周末中文班里鼓励她参加讲中文故事的比赛。在比赛前，太太给她挑了一个小孩离家出走的故事，教她怎样用心用情来表达故事的情节。最后在比赛中，她绘声绘色的演讲感动了评委和听众，获得了第一名。这次获奖为她带来了极大的鼓励。长期的努力没有白费，渐渐的，小女儿在放学后的晚饭桌上越来越活泼，两个女儿开始抢着发言。小女儿越来越敢说敢做，不再是一个只知道看书的"书呆子"，这对她尽快适应澳大利亚的新环境起了不小的作用。

最近，小女儿所在的学校有5分钟限时演讲比赛，要求自己写稿、题目自选。她最后选择讲"过于依赖网络的危害"。我看了她写的稿，觉得条理还算清楚，但论据不太充分。我没有修改，因为怕经我一改会变成大人话了。但是我提出几个建议供她参考，她倒是能听进去，进行了一次又一次的修正。定稿后，她很认真地练习，还做了提示卡片。有时候在送她上学的路上，她会讲给大家听。为了卡准5分钟，她调整了语速。出乎我们的意料，小女儿第一次在澳大利亚参加英语演讲比赛就拿到了名次。

看来，不管先天口才如何，后天努力才是关键。

> 2014年
> 3月16日

写于
澳大利亚昆士兰州

领导能力的培养

上有哥姐下无弟妹的我从小就是一个被领导的角色。在小学里就是一个普通学生，在中学里，老师见我成绩不错，就让我当了个课代表，做些收收作业、出出黑板报之类的杂活。上了大学，班辅导员见我有过做班干部的经历，就分配我去当体育课的课代表。体育是我的弱项，"外行无法领导内行"，做了一年也就做不下去了。从此我一身轻松，直到美国博士研究生毕业进了朋友公司。那时公司刚刚成立，我被逼当上了领导，体会到了管人真是个大学问，还是躲回学术界为妙，那里人事关系简单得多。

我太太虽然也是家中最小，但哥姐都比她大很多，所以她从小基本独当一面。她小学六年级是"三道杠"，中学时曾当过学生会主席，到了大学又是班长、团支书，后来被出国耽误了"仕途"，就只能领导我一个人了。不过她在印第安纳州教中文时，任州中文教师学会会长、印第安纳大学中文学校校长，做得不亦乐乎，也算是把她的领导才能发挥了一把。现在到了澳大利亚，又只能领导我一个人了。

我大女儿长得像我，但性格更像太太。在太太的言传身教下，大女儿愿意当领导，敢于承担责任。在初中七年级时，她被选为学校 Tri-M 音乐荣誉协会和国家中学生荣誉协会会长，这在只有两三个亚裔，其他都是美国白人的学校是非常不容易的，这主要由于她有一个很大的朋友圈子。不过她也说，她感觉在美国总要付出努力才能有朋友，毕竟背景不一样，爱好难相同。我安慰她说，太容易得来的朋友往往不那么"值钱"。这回，全家跟我搬到澳大利亚后，她也得从头开始。我常常担心她不能重新建立起一个朋友圈子，毕竟年龄越大交友越难。想当年，我从江阴随父母搬家到邻县沙洲，就怎么也进不了当地同学已建立的圈子，一方面是我不善于和人打交道，另一方面是我当时的口音和当地不同，常常被笑话。现在她的美国口音在澳大利亚同学群里会不会给她带来新的麻烦？

大女儿的高中是昆士兰公立高中，是一个需要通过考试才能进去的精英高中。好处是大家都是从各个学校来的，都得在高一重新建立圈子，但他们大多数应该都有以前认识的同学。开学第一天，女儿果然有点失望，好几个同学和她交流时仅仅是敷衍了事，忙着和她们以前认识的朋友打招呼。还好，第二天她就发现有好几个能谈得来的了，又过了几天，就已经"如鱼得水"了。

她的美国背景为她交朋友带来不少好处，特别是美国和澳大利亚对很多东西的说法不一样，常常搞得大家开怀大笑。例如，冰棍是 ice block 而不是 popsicle，手电筒是 torch 而不是 flashlight，橡皮是 rubber 而不是 eraser。此外，虽然中国人没几个，但亚裔学生几乎占了一半，同时相当多人有国际经验，这也为她顺利融入其中提供了方便。

不久，学校发了一个通知，愿意加入黄金海岸市政府青少年市政委员会的可以写一个申请交给负责老师，讲一讲为什么自己合格，如果被选中，每个月办公一天。她的年级一共 4 个班、100 人，但只有两个名额。大女儿马上写了两段话，谈了她过去的领导经验和她对了解澳大利亚政府行政的渴望。我瞄了一眼，觉得写得不错，就是有点长。申请交上去后，没想到第二天她就被选上了。

但又不久，她回来告诉我们，今天选举班长。想当班长的或推荐他人的就上台演讲 1 分钟，然后选举。一共有 6 个人上台。其中，居然有 2 个人上台为昔日同学拉票，介绍了那个候选人过去的领导经验和乐于助人的往事；还有一人说如果选上了就请大家吃巧克力。我女儿自然也"挺身而出"，上去自荐。我问她上去讲了什么，她说主要讲讲为大家服务的精神。第二天，结果揭晓，她又被选上了，这次是由同学投票选上的，特别高兴。我问她，是不是因为她那 1 分钟讲得最好？她认为是她的美国口音意外地为她加了分。很多同学对美国口音感兴趣，从而使她的朋友圈子越来越大。我觉得她说的有道理，不知这是不是澳大利亚年轻一代从小看美国迪士尼电影长大导致的。

新领导诞生了，学校特意开会颁发勋章并邀请家长参加。校长讲了一通"领导是怎样练成的"，可惜我没有听进去几句。我注意到，尽管这个学校亚裔学生几乎占了一半，但学生领导中澳大利亚白人还是占了绝大多数。看样子和美国一样，华人二代是学业成绩好的很多，能领导的较少。一是进入主流圈子的确不容易，就像我女儿说的，需要 make an effort（努力）；二是靠一技之长生活得也挺滋润的家长们都很务实，不很重视是不是当得上领导。女儿愿意当领导，是和她妈妈的模范作用及自己爱揽事、愿出头分不开的。

就这样我们家的新领导就要成长起来了。

| 2014年7月26日 | 写于澳大利亚昆士兰州 |

从挑食到美食

　　小孩挑食，恐怕很多父母亲都经历过，也烦恼过。其实，谁都会挑食，程度不同而已。我小时候住在乡下，四季就吃些房前屋后种的蔬菜，没有什么可挑的。记得在茄子生长的季节，我上学时经常带的中饭就是蒸茄子：在饭盒里装上切成条的没加油盐的茄子，再放上米，由学校帮我蒸好。小时吃多了，现在再见到茄子就一点胃口也没有了，这算是一种挑食吧。到了美国后，才发现西餐偶尔吃吃还行，中国胃改变不了。32岁那年，有一阵子肚子总难受，后来发现这是每次喝牛奶、吃奶酪才有的事，从而不得不"断奶"，所以我太太认为我还是挺挑的。我虽然挑食，但我不愿意花太多的时间做太复杂的菜。我一个人生活的时候，往往烧一大锅蔬菜炒肉丝，多加点水就是一荤、一素、一汤都全了。

我两个女儿小时候都有点挑食。但大女儿从开始长个子后，胃口就开了，基本上有什么吃什么。小女儿在这方面较严重一些，她吃得比较保守，没吃过的就不吃，我们经常不得不强迫她至少吃一口。她有时尝了一口也会发现挺好吃的，嘟着的嘴一下子就笑开了。就这样，她能吃的食物种类也逐渐增多了，我太太也经常努力变换花样，小女儿总算不瘦。希望她到了"拔高"的时候，也能像姐姐那样胃口大开。

有趣的是，挑食的小女儿比好胃口的大女儿更喜欢动手做饭。有一次，因为她不专心做作业，我太太惩罚她，让她放下书本帮做家务。没想到，她做饭做得挺欢的。后来妈妈做面食的时候，她主动在旁边帮着揉面，妈妈摊饼的时候，她就帮着调面糊。今年（2014 年）上七年级的她开始上 Food Technology（食品技术），这是她目前最喜欢的课了。一星期上两次课，一次理论，一次实际操作，每次上完课小女儿都很兴奋，回家要全面汇报。放寒假期间，学校有假期健康食品班，她主动报名参加。课程为期一周，每天站立忙碌做 4 个小时，小女儿从来没叫累。我太太说，那阵子去学校接小女儿的时候最幸福，因为每次都看到女儿嘴巴咧到耳朵根地奉上两样她亲手做的好吃的，非得让妈妈在车里尝尝再走。上个星期六一大早，我们被厨房的抽油烟机声闹醒，起床发现她已经把放了香蕉、鸡蛋的面饼做好了，面饼里夹了奶油，有专门做的橘子皮调味酱，上面还放了草莓，既好看又好吃！一问，原来是为学校下堂课实际操作做预习，要我们提意见给建议，她要努力拿"A"。这可是我平生第一次遇到能吃的家庭作业，也是她第一次为预习功课起个大早、不怕麻烦，根据菜谱一丝不苟地定量做出来的作业。哇，一个挑食家要变成美食家了！看样子，兴趣，只有兴趣才是改造一个人的真正动力啊！

2015年
5月24日

写于
澳大利亚昆士兰州

辛苦的美国高中生

国内一年一度的高考又要开始了,一考定终身。当年我侥幸考上了中国科学技术大学,如果没有中科大为我打下的扎实基础,在美国读研究生时就不会感觉那么容易了。我太太当年只是因为高考政治考砸了,没有考上她梦想中的学校,到现在还有点耿耿于怀。我们从美国到了澳大利亚后才知道澳大利亚和中国差不多,基本上也是一考定终身。我的大女儿已经高二,但她想回到美国读大学。美国也有称为 SAT(Scholastic Assessment Test)或者 ACT(American

College Testing）的"高考"，但这个分数仅仅是标准的一部分而已，因为能考高分的人很多，特别是数学部分，所以需要用其他标准来区分。最近我在网上听了我以前印第安纳大学同事的一个讲座，他利用业余时间辅导SAT考试。通过他的讲座，更是感觉到想在美国上名校的高中生真辛苦啊！

记得小时候国内高中要求培养的是德、智、体全面发展的学生，每年要评三好学生。智、体还能用平时考试成绩来衡量一下，但德并没有什么具体标准，往往老师说了算。我常常评不上三好学生，因为体育成绩不是很好，不是不努力，而是使出吃奶的力气也跑不快、跳不高。最后一年，高中没有体育课了，我才被老师指定为三好学生，挺惭愧的。想想那时候，自己除了成绩好一点，也实在没有什么可取之处。

美国大学招生，说穿了也就是想招德、智、体全面发展的学生。不过毕竟美国大学发展的历史长，各方面的要求很具体。首先是分数的要求，不仅仅SAT或ACT分数要高，高中期间的累积分数及排名也很重要。假如高中毕业班有500人（我女儿以前的不算大的美国高中），前五名就是百里挑一，很直观。

分数是一方面，课程的难度也非常重要。美国高中的课程有四类：普通、荣誉（honor）、大学预修（AP）、大学预科国际文凭（International Baccalaureate Diploma Programme，IB）。荣誉课程比普通的要难要深，由各高中自己掌握标准。大学预修课程则是美国大学理事会（College Board）以大学水平为标准设立的。许多美国、加拿大的大学对通过某个AP课程的学生可以免去相应大学课程的学分。AP课程由高中根据大学理事会的标准来教，每年进行全国统一考试，五分为最高。大女儿在美国读高一时通过了两门AP课程的考试（世界历史和化学）。

大学预修课是一门一门来修的，而大学预科国际文凭是一个两年制的学位。它是由一家总部设在日内瓦的国际教育基金会发展的教学学位,目的是将学生培养成为能学会问的思想家、知识渊博的传播者,有原则但思想开明、能反思、勇于冒险、关怀他人、均衡发展的全才。课程设置各种组合的6门课,每门最高7分,除此之外,还有3分可以从知识的理论(theory of knowledge,TOK)、创意、行动、服务(creativity,action,service,CAS)以及长论文(extended essay,EE)来得到,所以最高可达45分。据说进入英国剑桥大学的标准是42分。大学预科国际文凭为全世界统一考试,考两年学习的内容,而且6门课一起考,所以我女儿认为比AP还要难。她现在在澳大利亚上的是大学预科国际文凭。我发现修的数学里有微积分,真是很深。

学分和难度及标准考试只是衡量一个学生的基本标准,最关键的还是要通过课外活动来把一个人的卓越才华、领导能力、表达水平、合作精神,及关爱他人的素质更全面、深刻地表现出来。这些课外活动一般有反映卓越才华的各种级别的文、理、体育方面的竞赛及竞争性的夏令营,有表现领导能力及爱心的学生团队、志愿者社区服务,以及实习、兼职和社会经验。许多对自己(或者家长对孩子)要求高的高中生在高中四年里非常忙碌,常常睡眠不足。我大女儿现在正处于这个阶段。

我对大女儿说,如果能上名校当然要上,名校之所以为名校自然有其道理,但上不了也不是世界末日。上了哈佛,也有找不到工作的,我在哈佛做博士后时就认识一个。不上哈佛,成功的人士也比比皆是,金子无论在哪终会发光,关键是把自己的基本素质准备好:自信、懂事、诚实、负责、有思想、有原则、有爱心。相信我女儿一定能通过人生这一关。

| 2016年9月18日 | 写于澳大利亚昆士兰州 |

在辩论中成长

我小女儿像我、不善言辞,所以我太太想方设法培养她的口头表达能力。去年,上八年级的小女儿主动说要组队参加辩论比赛,我们特别支持。她所在的学校是一所私立中学,比较重视辩论比赛,不过是自愿性质的,辩论赛的时间也都是在放学后,家长自己负责交通。她找了3个要好的同年级朋友报名参加了7—8年级组别的比赛。很可惜的是,原先说好的教练老师在给这4位都没有经验的同学进行点滴指导之后,就休了八个星期长假(sabbatical),她们只能自己边学边辩论。

这是黄金海岸市有许多中学参加的一年一度的比赛,已有十几年的历史了。前四轮是资格赛,赢三场才能进入十六强。去年第一场比赛的题目是传统比赛题目"狗比猫好",小女儿的队是正方,她又是那么喜欢狗,当年还说服我养了一条狗,结果第一场就输了。我问她对方怎么辩的,她说主要讲狗太吵太脏、猫温和干净。我想也难怪,我们家的狗的确够闹的,而且每次去后院回来都会把地板搞得很脏,天天要扫好几次地。但是狗也有好处,怎么没有辩过对方?看样子辩论的关键在于怎样组织材料、怎样让自己的言论有说服力。

没想到的是,她们后面连赢了五场,进入了四强。辩论有固定的形式:每方三个人出场,第四个人在准备阶段献计献策帮助写讲稿,辩论时负责掐时间、摇铃铛,各方辩者交替出场。她们在实战中学会了:一辩是"我们要述说什么,从哪几个角度来说";二辩是"我来从不同角度讲述我们要说的,刚才对方所说的我们不同意";三辩是"我来综合讲述我们刚才说了什么,为什么我们不同意对方所说的"。尽管学到了要领,但最后输给了第一场遇到的强队,没能进入冠军争夺赛。第一次参加且没有教练就能拿到这样的成绩,她们都很兴奋,决心来年再参赛。不难看得出来,澳大利亚的比赛跟国内的一些比赛不同,不同之一就是澳大利亚给学生们自己努力、自己发展的机会,家长只负责接送,老师仅负责场地。

今年年初,女儿辩论队的一个同学转学了,剩下的三个队友一直在掂量考察招兵买马,可是并不是每个同学都愿意参加,最终她们的一个不爱讲话、害羞怯场的朋友愿意补齐第四个队员的位置——只好将就了,四人顺利报名了9—10年级组别的比赛。记得那段时间的晚饭桌上,小女儿有点像个话痨,常讲三人怎么指导第四人。好事多磨,学校给的新教练老师因病休了长病假,相当于还是没有教练，历史重演，第一场辩论输了。我太太当时在现场，说四个女孩得知输的消息，一点儿没有气馁，互相拍拍肩膀说，去年也是这么过来的，加油！让几个家长特别感动。接下来的六场比赛，每次赛后回到家，小女儿总是一成不变地问我："爸爸，你猜什么结果？"出乎意料，她们一路拼搏进入了总冠军决赛，巧的是对手是去年输给她们的代表队，不过不是同样的人。

我想一定要去决赛现场为小女儿打打气，这还是我第一次听她们的辩论赛，因为一般是我太太接送小女儿。决赛在黄金海岸市的一所私立大学邦德大学（Bond University）举行。题目是下午四点半给的，当场决定正方反方，选手们有一个小时在无电脑、无大人的封闭状态下进行准备。我到的时候，辩论赛刚刚开始。这次题目是"澳大利亚国庆节失去了它的意义"。女儿的队是反方，她是二辩，每人有7分钟发言时间。这次正反方都把己方观点分成社会和个人两个角度，由一辩、二辩分别陈述。每个人在讲己方观点的同时，要及时反驳对方前一个人的观点。最后的三辩分别总结己方的观点并进一步反驳对方。

正方的主要观点是国庆节已经演变成了一个"不用工作"的普通假期，一般人不知道这是个什么日子，政治家不发表演讲，大多数人在海边聚会，喝着啤酒、吃着烧烤尽情放松而已。反方的主要观点是学校的历史课使每个同学都学习到国庆节原来的意义，国庆节的意义不是一成不变的而是与时俱进的，即使这个首批欧洲人抵达澳大利亚的日子对澳大利亚原住民来说是痛苦的开始，但也有它独特的意义，吃喝玩乐就是澳大利亚人节庆文化的一部分。最让我印象深刻的是我女儿队里的一辩，去年因不太会说基本不上场的她，今年竟蜕变得抑扬顿挫、能说会道。赛后静等结果的时间里，四个队员一直在聊天，她们说在刚刚开始准备时都不知道要说什么，四个人里有三个是国外出生的，幸亏历史课刚刚学过一点，找了几条理由。在最后的颁奖仪式中，女儿的辩论队成功地获得了冠军。我们一排由家长和老师组成的啦啦队陪着她们热情欢呼。

女儿的辩论队能得到冠军，大家特别高兴。看看台上满脸喜悦、嘴巴快要咧到耳朵根的女儿，仿佛听到她又在问我："爸爸，你猜什么结果？"我一边鼓掌一边心想：看样子我已经辩不过她了，真长大了。

最后，我引用邦德大学的法学院院长在颁奖仪式中的讲的一句话："古时邻里有矛盾，给双方一把武器，靠决斗定输赢；现在文明社会，动辄有纠纷，给双方一个律师，凭语言分胜负。"以理服人，这既是辩论的魅力，也是做人的道理。

2017年 2月13日　写于澳大利亚昆士兰州

从忆苦思甜到"买苦"拉练

小时候忆苦思甜，主要是听老人讲讲"旧社会"的苦难、吃忆苦饭，由于少不更事，没有留下特别深刻的印象。去年听说小女儿在高一一开学就有一个艰苦的夏季野营，我和太太都有点担心这个糖水里泡大的孩子——她平时缺乏锻炼，生病怎么办？

不久学校就来了通知，需要填的各种表和需要签字的合同就有十几页。除了学校联系的野营公司提供的登山包、睡袋、帐篷、锅、食品之外，必须携带的个人服装及装备清单就长达4页。例如要带适合水上活动的衣裤、适合远足、骑山地自行车的装备、适合登山的长衫、短袖、鞋、袜、内外裤、雨衣、太阳帽，还要带容量4升水瓶、防晒霜、避蚊虫的药片、碗、杯子等。为了凑齐这些必需品，我太太带着女儿不知去了多少次商店，关键是她的瘦高个子很难买到合适的尺寸。孩子也知道节约，利用 Boxing Day（圣诞节日后大减价日），通过网购来寻找便宜一点的物品。但涉及运动的东西就没有便宜的：一只1升容量的水瓶就要10～20澳元。登山鞋是那种既防雨又透气的，登山袜要既吸汗又不磨脚的。与同学交流后，才知道连防虫剂也有不同：有喷雾状的，有贴在衣服里的，有声波防蚊的。家长们见面时，没有不诉苦的，因为很多东西基本只用这一次。我想，这哪是什么艰苦的野营，真要体验艰苦，那也得穿上草鞋去"舍身喂蚊"啊，想想"旧社会"，哪有那么多花样的衣服、生活及医疗用品，这是富家子弟出去郊游吧！

1月27日一大早（6：45），也就是国内的大年三十，女儿被大巴拉走了，一直到2月3日才回来。这整整8天，因为不允许带手机，除了学校每两三天发布的几句滚动新闻，我们什么情况也不知道。不过第六天，学校公布的照片里有她坐在那儿笑嘻嘻的样子，我们终于放心了，这"富家郊游"看样子还蛮不错的。

2月3日下午3：00，小女儿终于回来了，一见到妈妈就忍不住掉眼泪了，那是久未见亲人的激动的眼泪。当时我出差在外，听太太说，她8天没洗澡，所以回家第一件事是痛痛快快地洗了个澡，然后平时不算会说话的她边吃边讲，一口气说了一个多小时，之后就累得去睡觉了。我太太把她说的话录了音，用三封电子邮件发给了我，我利用在火车上的时间听了，不由得感叹，真不容易啊！

原来，早上6：45的大巴8：00才走，2个小时后到了目的地（Kunghur, NSW）。她和一个要好的朋友分到了一组，这个组由3个老师（2男1女）、16个学生（8男8女）组成，其中有一个是接受特殊教育的学生和他的两个朋友（也是同学）。下大巴后，首先，要准备好远足行装。除了带自己的衣服、小东西之外，还要背着睡袋、三人共用的帐篷、16人共用的锅及两天的食品，每人背4升水。小女儿负责背了2/3的帐篷，一个包有十几千克，就好比背着一个行李箱。然后，大家一起准备午饭。午饭有生菜、意大利香肠、番茄、乳酪、黄瓜、墨西哥面包，但没有盐和调味酱，只能对付吃。同学们分工切菜、分食、饭后清洗——很明显，有的孩子什么也不做。午饭后，就开始爬山。天很热，大概33度，大家汗流浃背，后来又开始下雨，大家在雨中行进。虽然女儿的登山鞋原则上是防水的，但雨从上面浇下来，搞得鞋子里面水济济的；雨衣也不完全防雨，里面的衣服也湿了，又湿又冷，这样走得更慢了。走了7千米，终于到了露营区，比预计的晚，天都黑了。到了目的地，任务是搭帐篷、做晚饭。雨还在下，男孩们找了一块布罩在临时的厨房上。他们捡树枝，花了半个小时才生起火。女孩们切菜、炒菜、烧水，晚饭主要有土豆、洋葱、胡萝卜、西兰花、青椒，主食是面条。菜烧得不是太老了，就是太生了，特别是到处溅着泥巴（包括切菜板和桌布），女儿连吞带咽也算吃饱了。上厕所就躲到灌木丛里，帐篷就搭在垃圾和杂物之间。在帐篷里，铺一层自己背的薄毯子，睡觉时跟直接躺在硬邦邦的地上基本无差别，她醒了好几次，就这样过了第一个晚上。

第二天上午6：00起床，女儿马上觉得肩膀痛。由于下雨潮湿，包变得更重了，可能有20千克。这回她知道把包带捆在腰上了，减轻了一点肩膀的负担。吃了museli（燕麦片）加奶粉的早饭，装上经过他们自己消毒的略带黄色的4升水，背上所有的家当就上路了。走了4千米到了一个山顶，学生们在细雨中沿绳索从悬崖峭壁上滑下（abseiling），天气雾蒙蒙的，站在山顶根本看不到底。她的好友有点恐高，快吓死了。她自己则因为脚用力不对而撞了两次山墙，手肘被擦伤了,很痛。她的老师开玩笑说这不是他看到的最优美的绳滑。虽然如此,女儿还是觉得很好玩。吃午饭的时候,女儿提出大家一起玩"Simon says"游戏,因为他们的一个老师的名字正好是Simon,大家玩得不亦乐乎。女儿说,她感觉到同学之间的距离更近了,特别是女孩们在一起共同准备饭菜之后。

下午,老师说从现在开始每天有一个同学领队前进,此次计划步行3小时、9千米到下一个露营点。那时是2:00,大家觉得没什么问题。刚开始是下山,不久雨越下越大,一个男孩跌了两跤,大声哭了。女儿也觉得包越来越重,脚好像到处疼痛。他们穿过树林、农庄、荒野,又开始爬山。因为要在天黑之前赶到,中途不能休息,大家都感觉累得不行了,为了躲积水,好几次几乎跌倒,肩膀、手肘、脚都在痛,呼吸也不畅通,女儿的好友开始默默地哭了,她也忍不住了,不过几次深呼吸后平静了下来。最后一段,雨停了,又开始热得要死,实际上他们走了12千米才到目的地。露营地景观很美,漆黑的夜空繁星点点,但是大家都没有心情,到处泥泞、脏乱,还有很多的令人恶心的蚂蟥,此后又是一阵忙乱——喷驱虫药。同样的晚饭,不一样的心情,又是她和她的好友两人洗碗。女儿说,那时真希望马上就回家,或者明天能歇一歇,但明后天还有两天的远足!

第三、第四天都没雨,但女儿肩膀、手肘、脚继续疼痛,感觉地是那么的硬,脚已经彻底麻木了,只能像机械一样移动,每天行军15千米。第三天,虽然又哭了一次,但是有了一个惊喜。来发放食材的卡车司机带来了一个巧克力蛋糕,因为他们当中有个女孩过生日。这个蛋糕的出现,将孩子们三天没尝到甜味的味蕾激活,同学们感恩世界上还有这么好吃的东西,这几天的辛苦一笔勾销。第四天虽然有好几次实在不想走了,咬咬牙,没有哭,坚持了下来。实际上有一个男孩在第三天就扭伤了膝盖,但他硬是咬着牙挺了一天，膝盖的疼痛使得他"咬牙切齿"拄着木棍前进。按说他可以要求退出，但他坚决地说不退出。因为他希望膝盖会变好，还能跟同学们一起享受最后几天快乐的活动。其他几个孩子毫不犹豫地卸下他肩上的重背包，把他的物品纷纷塞入自己原本就很重的包里。遗憾的是，有一个孩子固执地说，我的包已经很重了，我不想再增加任何物品。后来有一位坚强的女孩子后肩背自己的背包，前胸挂着受伤男孩的空背包一路到了目的地。晚饭女儿分饼干时，在每人两块的情况下，给了受伤男孩三块，他那受大家关心的而喜悦的笑容永远刻在女儿的脑海里。第五天早上，孩子们的鼻子嗅到热牛奶巧克力的味道，后来发现是老师们在喝"奢侈品"。他们开始梦想回到家后要先吃什么、喝什么。女儿的好友说，平时她挺恨类似麦当劳一类的"垃圾食品"，现在她一口咬定，她一定说服妈妈在接她时到麦当劳停一停。大家七嘴八舌地聊着美食，颇有些望梅止渴的意味。女儿说，感觉那一天居然不是那么艰难地就度过了，我想也许他们开始适应、有了乐趣。做晚饭之前，老师下指令多捡柴火，原来卡车今天派送的食材中有羊肉，还有一小包酱油。虽说羊肉没有煮得很烂，不过是真解馋。在以后几天除了短距离"行军"之外，开始有其他活动了，大家感觉好多了。活动中，有从树上跳下来，抓住木棍来平衡身体的；有两人合作爬梯的，台阶间距2米，需要轮流互相推拉；有结队爬树、大家同上同下的；还有山地骑自行车和划独木舟。尽管"跳树"被树枝划得有些血淋淋、骑车踩进了烂泥滩、划独木舟几乎掉到水里、厚厚的防晒霜并没有阻挡皮肤颜色深了许多，还有女孩子们互相传染般的生理期，但这8天就这样坚持了下来。

　　从她的录音和日记可以看出来，这次野营拉练学到了不少。一是一次拉练把各人的本性体现了出来：有热心帮忙的，有自私偷懒的，有坚韧不屈的，有性格懦弱的，有认真负责的，有敷衍了事的，这让她认识到什么是真正值得交往的朋友。二是锻炼了她的领导能力。她能主动承担责任，在担任领队时，将"团队"管理得"有声有色"。无论是叫人起床，还是安排任务，她觉得自己像是做妈的一样。三是明白了苦尽甘来的道理。吃了苦，才更加珍惜甜的味道。第三天的生日蛋糕，第五天的煮羊肉，就是分外香。四是培养了她的团队精神，再苦再累也不能留下一个人。这次拉练也让我们更好地认识了她。平时怕早起、有点挑食的她，在野营拉练中通过了考验。在她给我看的日记里，有时也会抱怨自己做得多。我跟她说，有能力多做一点是有福，吃亏就是占便宜。我问她，还想不想去？她说累是累，但后来玩得那么开心，还是会去的。这几天我们发现她经常主动要求做家务。虽然说这样的拉练是"买苦"来吃，但好的结果是无价的。

2017年
9月12日

写于
澳大利亚昆士兰州

从墨尔本，到哈佛，女儿升学记

家庭常住人口减少25%使空置房增了、出车量降了、人气淡了，这一切是因为大女儿上大学去了。十几年来从抱着、扶着、领着到自己走、跑、跳，再到现在像小鸟一样飞出去了，想来当年我离家上大学，我爸妈有同样的感受吧，一切是那么的遥远而显得有点不真实。

我那个时候，读书还像玩一样，没有重点高中、尖子班，不需要上补习班，上完课做一点家庭作业就好。高考一考定终身，但那时高考是先得到分数单才填志愿，我高中期间最好的科目是数学，最喜欢的是物理，可高考中化学分数相对较高，因此就填了中国科学技术大学的近代化学系，科大居然就收了我。

对我女儿而言，澳大利亚昆士兰州的大学升学考试虽说也是一考定终身，但本土学生学习一般不是那么用功，这里也基本没有什么合适的补习班，所以想考上澳大利亚的几所好大学，只要稍微努力努力、加把油，还是相对比较容易的。但大女儿四年前随着全家离开美国时给自己定了一个目标——一定要回到美国上一所好学校，这给她自己增加了许多压力。由于需要同时满足澳大利亚和美国大学的要求，她这几年肩负着多重申请和考试。澳大利亚不同州的大学要分开申请，10月份她先网上登记申请了昆士兰州的昆士兰大学和格里菲斯大学，又分开登记申请了维多利亚州的墨尔本大学和莫纳什大学。当我建议她申请位于澳大利亚联邦政府所在地的国立大学时，她说，登记填表格太烦琐了，真的不想再开个账户，因此我也没有再啰唆。

同时，她需要参加美国的SAT考试。去年第一次考的成绩她自己不满意，下半年她又考了一次。SATII的单学科考试，化学在来澳大利亚前已经考过，她还自己报名考数学、生物。除了这些重要的标准考试之外，她还有高中学校里的IB模拟考和全世界的统考。学业和考试虽多，但还不是她的生活重点，她投入了不少精力参加各类竞赛、多种课外活动和义工，以及培养展现高中生领导能力的活动，而且她始终没有中断在Kumon（公文学校）每星期的兼职。10月底，她非常匆忙地完成了麻省理工学院的Early Action（提前行动，又被称作无捆绑承诺）申请，立刻投入为期3个星期的IB大考。12月得到麻省理工学院的被延缓通知（也就是说没有被直接录取），她有点小难过，不过好像我太太比女儿更难过一些，因为当妈妈的实在心疼女儿的"超负荷"。女儿不得不在1月2日截止日期之前申请更多学校，填各个学校的不同表格，写不同的作文。1—2月，她参加了几个大学的面试，有的是视频面试，有的是坐飞机到其他城市面对面地进行，幸亏这段时间是澳大利亚高中毕业之后的假期。

今年 1 月初 IB 大考成绩公布，她幸运地取得了满分（45 分），成绩公布的几个小时之后，她得到了墨尔本大学的全额奖学金（学费加食宿费），全家很高兴。2 月中旬，太太把她送到墨尔本大学，大学生宿舍是一人一个独立门户，卫生间浴室都在走廊里。帮她把日常用品、行李、房间搞妥当，太太就回来了。女儿有很多高中同学在墨尔本市上大学，大城市生活特别方便，同时有定居墨尔本的、我太太的表弟一家热心照顾，她很快就融入、爱上了墨尔本，觉得如果想去的美国大学去不了，全奖上墨尔本大学也是很好的选择。我告诉她如果今后还想去美国，那么去美国读研究生也挺好的，名校研究生比本科的入学机会要多很多，因为大多数美国人不愿意读研。我们以此为她万一达不到来澳之前给自己定的目标作好准备。我和太太这时候都认为还是墨尔本好，两个小时就飞到了，由于基本没有时差，可以同时间段视频，没有觉得女儿离开家有多远，大家挺开心的。澳大利亚大学跟国内大学有许多相似之处，报考大学时就要定专业。她如愿被墨尔本大学生物医学专业录取，开学时她又说服我们改成科学专业，一来因为终究不再觉得自己的未来是医生，二来生物医学专业使她不能修她想修但在高中没有机会修的物理课。她还挑了一门化学课、一门二年级的数学课。

到了 3 月，终于等到美国大学放榜，她被最想去的麻省理工学院和哈佛大学录取了，她在视频中好激动，连连问我们是不是在做梦，几乎不能相信自己。很多亲戚朋友祝贺，问我们有什么秘诀。哪有什么秘诀，除了努力加运气。我希望她能继续在墨尔本大学认真读完一学期，以最大的努力考好期末考试，这样不仅可以将新的知识学到手，而且可以有一段完整的在澳大利亚读大学的体验，这不是人人都可以有的经历，她深表同意。因为希望文理兼通，她就定下了去哈佛大学。不久得知，我的中科大 79 级近代化学系两位同学的女儿（都是在美国读的高中)也去了哈佛大学,3个人就占了今年被录取华裔的 2.5%,还有一个同班同学的孩子是去年进入哈佛大学的。

大女儿 8 月下旬去美国上大学,我们仅仅将她送到附近的机场。她妈妈要教书,小女儿要上学,我也闲不下来。而且波士顿是她出生的地方,14 岁那年回去过一次,太太还专门带着她访问了她 2 岁搬离波士顿以前住过的公寓,并从公寓走到她妈妈工作过的哈佛大学出版社和我做博士后的化学楼,她对哈佛大学附近稍微有一点儿印象。更重要的是,她自己对于此行也有信心,因为她独自坐国内国际航班多次,EQ(情商)跟她妈妈一样高,我们比较放心。此外,我中科大的同学、过去的同事好友及以前的邻居都在波士顿,特别是我同学的太太是我女儿在波士顿出生时认的干妈,大小事情都能照应。另外,她过去在美国的初高中同学、朋友也有好几个在哈佛和麻省理工学院读书,一去就会有同龄朋友。

开学前,哈佛来自 86 个国家的 1 702 名新生可以自愿报名参加几个锻炼营(Camp),为互相认识打下基础。大女儿挑了个打扫大学生宿舍的锻炼营,因为这是唯一的一个不必付费反而有收入的项目,她想减轻一点我们的经济负担,我们也觉得可以让她体验体验在美国挣钱的不容易。太太订了张飞机票,让孩子提早一天到波士顿,经过 25 个小时的旅途,她平安到达波士顿机场。她人未下飞机,就来短信报平安,她说,这才感觉到是真的回到波士顿上学了,就像梦里刚醒一样。大女儿在我同学家住了一晚,把行李放在他们家后,第二天一早就去参加了锻炼营。没想到这真是锻炼人啊!在无空调的宿舍楼里,肩背着吸尘器,上上下下干得那么辛苦。特别是她在黄金海岸这个干燥地方住了几年,几乎不记得什么是闷热,什么是汗流浃背了,再加上女孩子生理期和 14 个小时的时差反应,一些马上需要的物品也没有到位,突然从南半球的冬季一转身进入北半球的夏季,她连穿球鞋的脚背上都起了痱子,但她在视频中还说不是大事。视频一结束,我太太就心疼得一边哭一边"碎碎念",我忙安慰她说不就一个星期嘛,挺挺就过去了。

迎新周(Orientation week)来了,大批家长送孩子到校园,学校有家长新生互动和盛大的开学典礼,连奥巴马都去送他女儿了。我开始后悔没有去,我太太更是恨不得马上就走。新生搬入第一天,我同学和他太太一起把行李送给我女儿时给我们发了个短信:"其他人有爸妈送,切,我们也有!"真让我们感动得落泪了。女儿在视频里让我们看了看房间,她幸运地被分配到哈佛的"希尔顿"楼。这是两卧一厅一卫的单元,一个卧室两个人,四个室友都是亚裔,大家入校之前在Facebook(脸书)上交流后发现兴趣相投,很快就打成一片了。美国的大学要求第一年一定要住学生宿舍,我发现挺有道理的,这是在培养学生与人相处、互相学习的能力。有一次我要求视频看看她的床,她笑了,知道我要看看乱不乱。我没想到她的床是那么整齐,有室友互相影响就是好啊!

迎新周的一大任务是选课。美国大学的好处是第一年不用定专业,可以根据兴趣,在指导员的指导下试几门课后,到第二年再定专业。上大学不预定专业真好,我在中国科学技术大学上学时,虽说定了专业,好在学校让我们修许多专业外的课:数学系的数学、物理系的物理、电子线路、机械制图等。有些当时看起来很没有用的课,我现在还在慢慢体会它们的好处,现在由于大学改成四年制,很多课被"砍"了,真是可惜。言归正传,大女儿开始选课的时候有点急躁,因为她的兴趣广泛,喜欢的科目多,不知该从何下手。没想到她居然挑了计算机启蒙课(CS50)、计算和生物结合的启蒙课(LS50)去试听。想到她在高中时,靠计算生物学谋生的我引导过好几次,想让她学点编程,没有成功,她一直说编程不是她的菜。但没想到在墨尔本大学上数学课时用的Matlab软件让她有了兴趣,更重要的是哈佛CS50这门课在过去几年里口碑特别好,而LS50以广度吸引了她,这真让我禁不住暗暗窃喜。在Shopping Week(选课购物周）的最后，她定了有机化学、计算机启蒙课（CS50），还有从高中开始感兴趣的心理学课，当然选心理学课也是因为那老师讲得太吸引人了，她说是实在不能错过的机会。

在最近的视频中，她给我看了一个她刚刚写完的C语言程序，是画一个简易金字塔。我说你的程序格式很整齐，一目了然，比我强太多了。她笑了，说这是按老师要求做的，不这样做是要扣分的。我问她找bug（程序中的缺陷）找得累不累啊，她说就是这个烦人，太容易出错了。我安慰她说练练就好了，我以前编程老是有bug，慢慢就少了，熟就能生巧，不过应该比你在做分子生物实验时找失败的原因要容易、方便得多吧？她说那倒是真的！

这一晃正式开学2个星期了，生活上正轨了，选课明朗了，志同道合的朋友多了，灿烂的笑容又回到了她的脸上，我们终于把心放下了。由于南、北半球的升学季节差，她比当年在美国的同学晚入大学一年，但是天下没有白费的努力，也没有无用的经历，墨大和哈佛虽有不一样的情怀，但各有各的精彩。这几天我忽然有点小失落，女儿也开始学习使用Linux（计算机命令操作系统）了，我再也不能在她面前玩计算机装酷了！我真想唱心里的一首歌：

慢慢逝去的崇拜，是因为悄悄长大的真爱。
飘过洋，跨过海，新世界才会显露出来。
名校仅仅是一时的光环，混沌只不过才初开。
前程有光明，也会有黑暗；
在哪里摔倒，就在哪里爬起来；
失败只是一道难咽的菜，吃下去炼心、练胆，增加内涵。
小心免费的午餐，做事力求心安。
胜过你的天才多如海，只有勤奋才能到彼岸。
人生是一场耐力赛，谁能持久，谁就精彩。

2018年
1月21日

写于
澳大利亚昆士兰州

打工：最好的圣诞礼物

澳大利亚 12 月份暑假（北半球的寒假）开始，小女儿忽然说想在圣诞节期间去商店打零工，我们都有点惊讶，因为在美国她还不到法定的可以打工的年龄，虽然澳大利亚 14 岁就可以合法工作，但我从来没有想过让她这么早就去打工。就是大女儿，也只是在高中最后几年在课外补习班里做过小老师，没有在商店打过零工。原来是小女儿的几个最要好但年龄比她大一些的同班同学，都已经打工很久了，都有自己说了算的钱，大概是这一点让她心动了吧。我太太挺支持的，毕竟难得是小女儿自己主动要求的。于是她写简历，妈妈帮着修改，发出去不少申请，不出我的所料，没有回音。我对小女儿说，这么晚申请，怎么可能找到工作，大部分商店早就找好节假日所需要的人了，以后要记得，想干什么事都要早早计划好。虽然说的是她，其实是我自己当年找博士后惨痛的教训啊。

过了不久，我太太去一家店买点东西，不知怎么就跟店里的老板娘聊起了天，老板娘对雇用的一个大学生不是很满意，她说她想找一个成熟一点的、经验丰富一点的，问我太太愿意不愿意——她觉得我太太最合适了。虽然说，我太太在中学当老师，的确是在放暑假，但好不容易可以有时间调整调整，所以就婉言谢绝了。回家后，她跟我说起此事，我眼睛一亮，小女儿不是正好要锻炼锻炼？我太太瞟了我一眼，英雄所见略同，说完我们都笑了。

老板娘不久回复说，虽然她不想找这么年轻的，但还是试试吧。为了让小女儿做好准备，我太太一口气讲了好几个小时打工需要注意的事项。大学假期回家的大女儿提醒说还是写下来吧，谁能记住这么多？我太太想想也对，就写了几个要点，主要是做事要眼里有活、用心用脑、待客礼貌、主动热情等，还举了例子。她甚至与小女儿演习了几个案例，我小女儿一口答应照办。

第一天打工是中午 12∶00 到傍晚 6∶00，小女儿早上随我的车到了我的办公室，中午从我办公室坐轻轨出发，6 分钟就到，傍晚再回到我办公室一起开车回家。我看她兴高采烈的样子，估计这一天还是挺顺利的。果然，她觉得一切是那么新鲜、好玩，忙着学这学那的。这是一家不算大的中国超市，对她来说，最难的是记一些中国菜的名字，类似白菜、小白菜、菜心、油菜、油麦菜等；而且中英文名对不上号，有时候人家要买的东西，比如果丹皮，这个国外出生长大的小姑娘听不懂，即使听得懂，她也不知道在哪里。我首先问她，一天站 6 个小时累不累啊？她说脚有点疼，但不是什么大事。再问她，要是你的收银员的工作空下来,你做什么呀?她说主要是摆东西,例如,饮料货架上,靠外边的如果卖空了,要把里面的饮料挪出来整理整理,将新进的饮料填入靠后面的空间。我问有没有闲的时候,她说没有,一直在找事情做,比如看见塑料袋没有了就主动添上、给新鲜菜喷点水雾,实在没事,就一行一行地巡视,熟悉一下店里的东西,看看有没有可以做得更好的。看样子妈妈的几点建议她是真听进去、起作用了。她说,她干活没多久,她的一个同事就跟老板娘说"这个比那个强"。我看她美滋滋的样子,心想看样子出去锻炼锻炼还是挺好的。晚上,我太太收到了老板娘的短信,感谢推荐女儿到她那里,我太太马上回信感谢她提供职位。

就这样,小女儿的打工生涯开始了。她每次都不用提醒,会稍微提早出发。打工回来后就跟我们滔滔不绝地讲当天发生的事。比如:有顾客惊讶她中英文都那么流利,她表示一定要更好地学习中文;也有顾客问她多大、担心是不是年龄还没有到的童工;还有人担心她被剥削,说你跟大人做一样的活、希望老板给你跟给大人一样的工资啊!她都一一深表感谢。有个看起来像是流浪汉一样的人几乎每天都来买一听可乐,身上有一股酸臭味,但是她一视同仁。一次,一个小青年想偷饮料,店长及时发现、处理,她也暗暗学习。她还发现买烟的人很多,不明白明明澳大利亚烟盒上把吸烟的危害写得这么清楚,为什么还有这么多人买。还有一次,警察上门调查,因为有人曾经用偷来的信用卡在这里刷过卡。不过她也出过两次错,一次是不小心把顾客买的商品的数量打多了,一次是条码扫不出来,把东西归类搞错了。这些经验教训都是在家里、学校里学不到的。有一天,她很开心,说今天来的顾客问的几样东西,她都帮助找到了,而且真正分清楚了那曾经让她云里雾里的几种菜,也就是说开始熟悉业务了。最让我欣慰的是,有一天她肚子疼,仍然坚持下来了,看样子还是能吃点苦、受点累的。不过,我还是嘱咐她,要注意身体，不要逞强。

前几天，小女儿终于第一次发工资，她特别激动，因为每小时的工资比法律允许的最低工资要高，这是她没有想到的，我们告诉她这是对你工作的肯定。一转眼，暑假要结束了。我对她说，开学就不能打这么多工了，不好好学习，今后很可能连这些工作也找不到，因为这些简单工作很快就要被机器人代替了，人在简单工作上是没有办法竞争得过机器人的啊。她告诉我，她的一个同事说："一个人的一生好比一天，你的年龄是早上四五点钟。这个时间，有的人醒来了，开始做事情了，有的人还在睡着。我的年龄是八九点钟。这个时间，所有人都醒了，有的人知道干什么，但我自己还没有想清楚。"我觉得很有趣，就说："那你就快快醒吧！"小女儿哈哈大笑。

说实话，我小时候从来没有打过工，从小学起就是全职学生，一直到博士毕业没有间断过。高中时，虽然已经恢复高考了，暑假也不过是玩加稍微学习学习。而大学里就完全是学习、学习再学习，是标准的书呆子。一直到博士毕业，在朋友的公司里打工才真正醒悟过来自己要做什么，我醒得晚啊。不过我太太在上大学时就开始做家教，不想接受父母兄姐的补贴，寒暑假里更是在市场上卖服装、冰棍、冰镇汽水，卖得挺欢的，直到现在，每每跟我讲起，她还眉飞色舞的，表情正如同小女儿下班回到家讲述时的样子。要不是出国读书"耽误"了她，淘宝网的网店里准少不了她。现在看来，我是打工打晚了！难怪这个社会里，不管富穷，都崇尚打工呢！女儿的打工同学里好几个是标准的富家小姐，现在打工的地方提供的也多是比较辛苦的蓝领工作。我想只有打过工，才能真正地体验到什么是真实的社会，才能真正地知道为什么说一分耕耘一分收获。辛苦打工应该说是真正成人必须上的一课。这个暑假虽然说只是小女儿走入社会的一小步，但我相信一定会是她个性发展、成熟长大的一大步，这也有可能是她妈妈今年送给她的最好的圣诞礼物。

2018年
10月4日

写于
澳大利亚昆士兰州

面试求职记

转眼进入10月,圣诞节商场促销时节即至,在南半球的澳大利亚,暑假又快要到了。上个暑假小女儿在中国超市打工,积累了不少社会经验,但由于开学以后实在太忙,就慢慢结束了。今年的暑假,她想换个兼职,争取有不同的体验。这一次,她吸取了去年申请太晚、"全军覆没"的教训,自己早早地查网站、写简历、递申请,主动性特别高,不知道是不是钱的力量。妈妈也跟着忙,帮着改写简历、模拟面试,还有就是准备跑腿当驾驶员。

这不，大前天发出申请，前天就去面试了一家运动服装店。这家店的衣服比较贵，我们几乎没有在那里买过衣服。到面试地点后，没想到会有乌泱乌泱的几十号人。回来之后我问她都被问了些什么问题，她说就问有没有以前的工作经验，同学们怎样评价她，以及她参加什么体育活动。看样子在中国超市工作的经验还是派上了用场，但她觉得体育活动这个问题没有答好，因为她直接说自己没有参与课外体育活动。我跟她说虽然现在没有参加课外体育活动，可是以前参加过校内的呀，而且也可以回答喜欢锻炼。我想一个店可能也就要那么几个临时工，看样子淘汰率还是非常高的，没想到找个暑假临时工也这样不容易！

今天，女儿又去面试另外一家公司，这家公司有4家不同品牌的连锁店，其中一家也是服装店，这家服装店的分店离我们家不远，她平时挺喜欢这家店的衣服，所以她特意穿了这家公司的衣服去面试。面试地点在一家大酒店的会议室，她发现居然全昆士兰州有6万多人申请这家公司，他们从中挑了五千多人进行面试，单今天在黄金海岸的面试分场就分成好多个组。她的这个组有三十几个人，年龄最小的是个比她小一岁、还在上八年级的孩子，年龄最大的是已经在上大学的学生了，不同年龄段一起竞争，社会就是这么残酷。

她和上八年级的那个女孩在等待期间交流得特别好，听说对方是第一次面试，特别紧张，她还安慰别人，相比之下，自己感觉还好，毕竟是第二次了。他们组在集体听完公司介绍之后，每个人需要当场演示一下向顾客推荐衣服。她说她特别注意到一个细节：刚才的公司介绍中，提到公司最近有一个公益项目。所以她除了详细表达她极力推荐手中衣服的原因之外，还不忘顺便推荐公司的公益产品，她是唯一一个这样做的，她感觉到面试官对她微微点头。

这一轮面试结束之后，面试官把几个人叫了出去，没想到她也在被叫出去的人里面，她吓了一跳，以为出局了。不过出来之后才知道，这几个人竟然是通过这一轮面试的，真是一场虚惊！下一轮一对一的面试只问了几个问题，工作经验一点也没问，只是问为什么要申请这个服装店，并描述一下自己。她指着自己身上的衣服，表示非常喜欢这家服装店，还说自己经常被同学们喊作 mom（妈），因为她总是提醒她们这个那个的。面试官笑了，说："You are hired！（你被雇用了）"。她几乎不能相信自己的耳朵，真是喜出望外。她特别高兴的是在这个公司工作期间，公司4家连锁店任何分店里的所有商品都打五折——她给全家人的圣诞节礼物有着落了。

　　通过这次求职成功，小女儿明显体会到第二次面试比第一次进步不小。虽然她再三感谢妈妈事先与她模拟面试，但只有自己在实战中才能真正有所体会、积累和成长。可不是，路还得要靠自己走，摔倒了还得靠自己爬起来。想想去年暑期在超市的工作还是妈妈给找到的，这回小女儿成功地给自己找了份暑期工作，看样子今后养活自己不是问题了。

| 2020年
| 8月30日

写于
澳大利亚昆士兰州

小女儿高中写作是怎么练成的?

我小时候的中小学比较简单,不分文理科,除了语文课需要写大约几百字的作文之外,其他课从来不需要写作。今年是我小女儿上高中的最后一年,我对她的课程有了更多的关注,才知道除了外语课,她今年其他主课都需要写一篇"大作",所以几乎每门课都可以说是写作课。

她与姐姐上的是同一所学校,一个国际文凭(IB)学校,这个文凭是一家总部设在日内瓦的国际教育基金会发展的教学学位,每个学生可以选择6门课，每门课学分最高为7分，根据要求，她修了3门标准水平的课程，即母语语言（英语）、外语（汉语）和数学，修了3门高级课程，即化学、生物和心理学。除此之外，还有最高是3分，全体学生都必须修的知识理论课（theory of knowledge，TOK）、150小时的创意＋行动＋服务（creativity，action，service，CAS）以及毕业论文（extended essay）。整个文凭最高可达45分，当年她姐姐拿了45分，给她带来了不小的压力。

她的每门课怎样把写作作为课程的一部分？是通过Internal Assessment（IA，内部考评）来实现的，IA在每门主课的最终成绩里占20%。之所以被称为内部考评，因为它是由学校老师自己评分的。但是老师们不敢私自给过高分数，因为国际文凭组织会抽查，如果发现给分过高，将给所有学生降分。另外80%是由12年级的国际统一评卷的期终世界统考成绩决定的。不过据说今年因为"新冠"，北半球2020年5月的12年级期终考试被临时取消之后，IA所占的比例变高了。为了11月南半球的12年级期终考试也不能进行时成绩能够统一，女儿这一批学生的各科内部考评就变成送出去由国际文凭组织统一评分了。澳大利亚昆士兰到目前为止，受到"新冠"病毒的影响还算是比较小的，中小学3—4月只在家里上了1个月左右的网课，就返校正常上学了。但是这个11月份的世界统考是不是能够正常进行还没有正式通知，所以还不得不准备着。不管如何，IA还得认真写啊！

TOK课作为一门单独的知识理论课，没有IA，但相当一部分是通过写作来体现对知识整体结构了解的深浅。今年的作文题目之一是："如果在某个方面的知识上有不同意见，那么给予双方意见同等关注是非常重要的。在什么情况下，上述建议是一个好建议？"这篇知识理论课文章的写作需要有正反两面的例子，还要求在文理科两个领域分别举证。女儿认认真真写了提纲，老师说挺不错的，但出乎意料的是草稿却被圈了个"C",把她吓了一跳。和老师讨论后,女儿决定全面重写。在第二稿中,理科方面,她用"物质的波粒二象性"来说明"双方的意见(波和粒子)给予同等关注的重要性",用"自闭症的症状与打疫苗有关"这个由于样本容量小而导致的错误发现来说明不严格、无法重复的发现是可以忽略的。在社会科学方面,她用了"抑郁症需要考虑遗传、心理和社会等多方面因素来诊断和治疗"来论证"需要给予不同角度同等关注的重要性",而将同性恋与精神障碍的关系作为反例,因为同性恋与精神障碍有关系的原始文献是建立在一个不科学的统计方法上的。现在有网络真好,所有这些内容都能从网上找到,但是怎样找、找什么不是一个容易的问题。找到了,再怎样把它们有机地组织起来也不简单。跟她的第一稿比,第二稿条理要清楚得多,论据也充分不少。

化学和生物的作文可以选择做实验,然后根据实验结果写一篇作文。有一套"八股文本",如果实验结果漂亮,按照"八股文本"来写就比较容易。她做的生物实验是关于大蒜对大肠埃希菌的抗菌能力。她使用不同浓度的大蒜萃取液(把家里的大蒜和榨汁机带去了学校),并用不同温度来煮萃取液,发现生大蒜萃取液的抗菌能力最强。虽然听听简单,她还是反反复复做了好多遍,花了几个下午才做完。根据评分要求,文章内容必须包括:所研究的问题、假设、引言、变量(自变量、因变量、可控变量、不可控变量)、仪器、设备、试剂、安全和风险评估、方法、数据(定性、定量、数据处理公式,原始及处理后数据的图表)、结论(结论的解释、可靠性、局限性、下一步计划)及文献,她洋洋洒洒写了五千多字,让我看了看,虽然没有什么创新,但作为一篇高中论文还是有模有样的。足以看出IA追求的不是创新,而是一个过程。

但是化学实验就没有那么顺利了。她问我有没有什么想法,我给她出了一个主意,让她测量一下剩菜里的亚硝酸盐随时间是怎么变化的，但是她的化学老师说这是一个生物实验，而不是化学实验，因为亚硝酸盐是通过细菌作用产生的。化学老师是有经验的，毕竟这是为了符合评分要求而做的作文。老师的决定让女儿失去了亲自去证明冰箱里的剩菜是不是可以吃的机会。后来不知道她自己是怎么想到从茶里提取茶多酚这个实验的。她用从网上找到的美国一个教授公开的方法去做实验，做了好几次，时间和精力也花了不少，最终却没有成功，不知道是什么地方出了问题，只好被迫放弃。这时如果再从头设计新实验，时间紧迫了，因为买试剂就需要很长时间，最后只好决定改成写理论文章。

　　化学理论方面能写什么呢？要是一个博士研究生问我有什么计算方面的问题，我也许还能给几个课题，但要拿出能让一个高中生在几天内就能完成的小课题，我还真不知道应该给什么样的。幸亏化学老师有经验，女儿和他讨论后，决定做磁共振化学位移的分析。她告诉我这个课题后，我还是不清楚她能够达到什么深度。最后她做完给我看，我才发现她是通过从网上数据库里下载一些有机化合物的化学位移数据，然后分析元素电负性对化学位移的影响、影响的加和性及与距离的关系。这样的分析虽然挺简单的，但做定量数据分析所需要的一套东西基本都在里面了，特别是从数据里面发现有统计意义的规律，即使是简单的线性规律，也是一种升华。文章的写法跟上面的生物作文一样，除了没有仪器、设备、试剂、安全和风险评估这一部分，也是一篇近五千字的"大作"。想想我们这些在生物信息学方面工作的，不也就是从网上下载一些数据来分析分析、找点规律吗？后生可畏啊！

　　对她来说最难写的应该是数学课的作文了。数学今年评分标准有所改动，比过去高挺多的：要求从日常生活中一个领域里找到运用到3个不同数学分支的例子，其中一个必须是微积分。她找题目就找了好久，焦头烂额之后，我建议她做剪纸的题目，她刚开始也认为不错，但发现另一个同学正准备做同样的题目，就主动放弃了。后来她通过网上搜索决定做航空中所用到的数学。她在作文中写了几何——搜索和营救需要使用三角函数来根据风向算出到达营救地点的最佳飞行方式；写了统计——通过概率来预测所售出的机票的数量大于飞机上座位数的概率，考虑到有人虽然买了票但由于种种原因没有上飞机的可能性；当然还有必须写的微积分——通过微积分来优化机票价格随订票人数的变化以达到利益最大化。数学作文的写法与化学、生物不太一样。它需要讲理由（为什么要写航空这个领域）、目的（写这篇文章要达到什么目的）、背景（航空史及其商业化的历史）、其中的数学原理，还要列举应用的例子，阐述重要性、局限性，并列出参考文献。前面几部分内容还有点像我们大学老师申请基金呢。

心理学课的作文，她没有跟我们讨论过，我事后问了才知道，是重复 Craik 和 Tulving 1975 年的经典心理学实验的报告。Craik 和 Tulving 认为信息的处理有不同的深度，不同深度的信息处理有不同的回想能力，有意义的单词更容易被记住，而结构性的单词更容易被忘记。她通过在低年级学生中用不同的句子来研究什么单词更容易被记住，然后根据结果，写了一篇报告。报告有两千字，其中有引言、研究方法（材料、步骤）、分析、讨论、参考文献。她觉得相比化学和生物实验、数学作文而言，心理学作文比较容易，难怪她在饭桌上从来没有提过呢。值得一提的是，请低年级学生参与心理学实验之前，每个学生必须签知情同意书，这些规矩从小就被培养起来，真不错！

语言课英语呢？英语的 IA 有 3 部分：演讲、作文和口试。演讲和作文都围绕媒体如何运作语言来说服大众展开，并用个人观点专栏（opinion piece）的方式加以说明。她的个人专栏讲的是时下热门话题："为什么澳大利亚应该因为新型冠状病毒而把学校关闭"。第三部分口试则是给一篇文章，当场对文章进行文学分析。这些作文对她来说与平时作业差不多，专栏也就不到 1 000 字，算不上什么"大作"，所以她也没有过多提过，我也是问了她以后才知道的。

作文里最花时间的应该说是毕业论文，就是前面提到的 EE。她在我们所的研究员那里跟着做实验，她之所以能够被允许在所里做实验，是因为她获得了几个分子生物学实验的证书。第一个暑假，实验不成功，因为原来的抗癌小肽设计有问题，什么也没有做出来。第二个暑假还算运气好，在"新冠"病毒导致实验室关闭之前拿到了足够多的、能够在细胞里对乳腺癌进行靶向治疗的数据，虽然没有得到想要的那么多，但写 EE 足够了。写这篇文章更是花了她无穷的时间，主要是要写的东西比较深，对她来说有太多新知识需要学，但又要能够写得深入浅出，让大家都能看懂。文章的内容包括：引言（所研究的问题、目的）、研究内容（假设、方法）、数据处理、结果（定性数据、原始数据、处理数据、数据描述）、合理论证（假设、所研究的问题的结论）、评估（方法、设备、技术的评估）、结论、改进与下一步、感谢、文献。长度倒是只要求四千字，比 IA 作文还短些，但关键是文章要有深度，这次写作真是磨炼了她！

由于今年这些作文都是送出去由国际文凭组织评分，所以还需要一段时间才能知道成绩。回顾整个过程，她和她的同学以及老师的压力都很大，有的同学因为觉得不能高质量地完成任务在学校里控制不住而大哭。我们女儿也有点作息失常，总算还没有太大的风浪。所有这些作文都提交后，她终于松了口气。有了一点空档，作为庆祝，我太太带她出去吃了一顿饭。学校也专门组织了两天一夜的 retreat（后撤休整），休整的目的是为即将来到的模拟大考和正式大考放放松和鼓鼓劲。

与她高中最后一年相比，我高中毕业那年真是幸福多了，除了语文需要写作文，其他只要做做题、背背内容就可以了。我也希望当年能有我女儿的这些写作经历，会写会用才能真正地、全面地掌握相关知识，更重要的是能体验创造新知识的过程。她现在的写作能力，可以说比我刚开始读研时都要强多了，我甚至觉得自己现在的写作能力还需要进一步提升，特别是常感到词汇量明显不够。年轻的时候得到的锻炼太少，成年后要补回来就不得不付出更大的努力。不知道现在国内的中小学怎么样？应该不只有语文课才写作吧。

后记 小女儿最终拿到了 IB 的最高分——45 分，真是一件不容易的事！

2021年
7月14日

写于
中国广东深圳

上哈佛、麻省理工的两个女儿是如何成长的？

2021年3月，从澳大利亚昆士兰州高中毕业的小女儿得到了麻省理工学院的录取通知，这是对她多年努力的肯定。小女儿在高中阶段的压力不小，因为大女儿4年前是从同一所高中考入哈佛大学的，不可避免的，大家会拿她跟姐姐相比。能够扛住这些压力，走出一条自己的路真不容易。被录取的消息传出来后，同学、朋友们都想知道她们是如何成长的。感恩于我们在孩子成长过程中所遇到贵人的无私指导，所以我很愿意和大家分享，仅供参考。

在有孩子之前，我和太太都反对让孩子补习，觉得孩子有一个快乐的童年挺重要的。所以当大女儿在纽约州布法罗市开始上小学时，我们发现学前班至三年级既不考试也没有家庭作业，并没有觉得有什么不妥的。当然太太还是让孩子上了钢琴课和中国舞蹈课，以及短期的美术、滑冰、游泳、体操课，这些大多是孩子自己也想试试的，我觉得懂点艺术、活动活动身体挺好的，毕竟孩子平时太闲了。

2006年，我到印第安纳大学教书，孩子还小，对搬家没有什么异议。太太在汇丰银行美国总部安稳的工作却被打断了，虽然很快在新城市找到了工作，但她常常因为加班耽误接孩子，干脆辞职重新读书，得到了教师执照和教育学硕士，改行当了老师，并在大女儿学校的初中部和高中部从无到有开创了汉语选修课。大女儿搬来时上三年级，没想到这里三年级就有家庭作业和考试。她第一次考试都不知道什么是考试，居然就考得很不错。这说明虽然她在布法罗的小学从来没有考过试，学习还是学进去了，所以我们也就放下心来。除了钢琴课和偶尔学点跳舞，我们对她基本上是"放羊"，所以她的童年应该挺快乐的。不过有一段时间她上钢琴课有点勉强，是到后来才越来越喜欢的，俄罗斯籍的老师说她乐感很好，觉得她不走音乐之路可惜了。

这一切在她上完七年级、我们认识了纪老师才改变。纪老师是印第安纳州一所大学的数学老师，是我太太让大女儿参加短期夏令营时认识的。纪老师通过夏令营觉得大女儿很有潜力，认为我们已经耽误了她，所以热情邀请我们去他家进一步聊聊。我们去了他家之后，被彻底震撼了，楼上、楼下、地下室放满了他的两个上了哈佛大学的孩子在中小学期间所获得的文理科及兴趣活动的各种各样的奖杯，而获得的奖金竟然在大学读书4年也没有用完。不久我们有机会见到了已经工作、回家探亲的他的女儿和儿子，发现这样优秀的孩子和邻家的孩子没什么两样，我们才明白原来学霸不一定等于"书呆子"，全方位的发展可以让孩子摆脱枯燥、享受学习。纪老师建议我们让大女儿转到一所只有学前班到八年级的私立学校，因为那里的数学老师特别好。尽管这已经是初中的最后一年（八年级），我们还是让她进了这所私立学校。这一年里，她的数学能力突飞猛进，并结识了一批高才生，同时我们被大女儿要求，允许她跟这些高才生一起去上数学、化学课外补习班，榜样的力量真是无穷的！不过她是真的有兴趣学。一年后初中毕业，她回到了公立高中，九年级时的成绩一下子比原来同年级的同学高出了许多，并在2013年年初获得印第安纳州化学竞赛第一名。

2012年下半年，我感觉到有可能要去澳大利亚教书了，家里开始悄悄地讨论搬迁对太太工作、孩子教育的影响，特别是对太太及大女儿的影响。太太教书育人的工作是她的真爱，全心全意不计报酬地把汉语选修课发展成胜于德、日、法语的外语课，成为仅仅次于西班牙语的第二大外语课，并年年获奖。这次搬家意味着她不得不放弃她一手建立起来的"奇迹"，我对她的支持感激不尽。对大女儿而言，申请美国大学需要九～十二年级的成绩，搬迁毫无疑问将影响她成绩的连续性。平时偏外向的大女儿通情达理，一口就答应了，说是喜欢换换环境、看看世界。在公立小学读四年级的、偏内向的小女儿却有点不愿意，因为她平时要好的朋友少，到了澳大利亚人生地不熟，没有朋友怎么办？原计划2012年下半年让她去读大女儿曾经读过的私立初中五年级的（印第安纳五年级开始初中），为了照顾她的情绪，就让她暂且继续待在原来的公立学校读五年级。此外小女儿在美国除了钢琴、中文学校和中国舞蹈以外，从来没有上过其他课外补习班，完全靠她自己上课学习及借图书馆的书看着玩，居然老师还让她跳过了二年级，也应该说她有一个无忧无虑的童年。

到了澳大利亚，太太成功地考到了教师执照，一切从零开始，在中小学、大学兼职教汉语，继续不断获奖。大女儿则考进了昆士兰州的公立重点高中（Queensland Academy），这是一所大学预科国际文凭（IB）学校，而小女儿在申请学校的摸底考试中成绩也不错，让她跳了半年级进入私立小学读六年级的下学期（澳大利亚每个学年是从1月到12月，七年级才算是初中第一年）。由于大女儿在美国的基础打得好，她很快进入状态，不久获得了澳大利亚全国数学竞赛奖、进入澳大利亚全国化学奥林匹克竞赛前24名，最后以IB 45分（满分）的成绩高中毕业。

而小女儿因为没有在美国、澳大利亚上过课外补习班，成绩在初中虽然也是前几名，但没有像姐姐那样拔尖，更关键的是她没有像姐姐那样目标明确，主动性不强，有时发现她在偷偷地看小说、看视频，许多事情不拖到最后一分钟不做，太太觉得这可能是因为小女儿缺少高才生朋友的带动。在太太的不断督促下，小女儿到初中毕业才渐渐地醒悟了过来。一旦醒悟了，转入大女儿上的公立高中后，她发挥自己记忆力强的优势，在学习生物上冒尖，进入了澳大利亚全国生物奥林匹克竞赛的前四名（国家队），并以IB 44分（后来成为45分满分）的成绩高中毕业，奠定了她被麻省理工学院录取的基础。

其实能够进入哈佛和麻省理工，她们的学业成绩仅仅是最起码的要求。太太对她们的素质教育非常重视。首先是让她们爱自己的"中国根"，以身为华人后代为荣。这个根如果不保持，家庭、亲情关系就会因文化差异产生隔阂，进入社会也会有认同危机，更不用说中国已经在世界上有着全方位的影响，能用中文交流有百利而无一害。所以我们从小坚持孩子在家里不能说英语，让她们四五岁就开始在中文学校学中文，参加各种中国文化活动（跳舞、中文演讲比赛等），有机会就带她们回国探亲、旅游，姐妹俩都能说地道的普通话，还能读写常用的中文字，在华人子弟的中文演讲比赛中多次获得第一名。

其次是培养她们的主动性。小时候我们对她们的要求是见人主动打招呼，叫叔叔、阿姨，慢慢过渡到能够和不同年龄段的人大大方方地交谈，主动找话题。年龄再大点，鼓励她们积极参加志愿服务、各种活动，强调不计较得失、心胸开阔，培养志愿服务、带头的精神。提倡她们14岁以后去打工,既能培养独立能力又能亲自体验真正的社会。通过从小学钢琴、舞蹈和演讲,经常上台表演让两个孩子都能在大庭广众之下自信不怯场,会说敢讲。姐妹俩都曾经被选举为昆士兰州黄金海岸青少年市委会的副市长。在打工过程中,她们虽然遇到过各种各样的困难,但是基本上都能够自己解决,而且能与上司和同事处好关系。

再次是教会她们感恩。对家人、亲戚、朋友、同学、老师的帮助要感恩,要及时感谢、保持联系,"贵人"是自己培养出来的,而不会从天上掉下来。所以大女儿现在还跟印第安纳的老师们保持联系,两个女儿一有机会就会与高中母校的老师、同学见面。

此外,从美国来到澳大利亚也丰富了两个女儿的经历、拓宽了她们的视野。特别是大女儿体验到了澳美文化的不同,写出了一篇优秀的大学申请文书,进入哈佛大学之后才知道这是她被录取的关键因素之一。小女儿则很快融入澳大利亚的文化,交了不少新朋友。应该说是勤学苦练加上有共同目标的朋友的互帮互学才是她不靠补习班就能同时掌握、学好IB所有学科内容的关键。学校校长、老师和同学们对小女儿在为人处事上的赞许肯定了孩子多年的努力。

总的来说,两个孩子性格不同,通向各自心仪大学的路也不一样,对她俩来说名校只是一个起点,后面的路还很长。如果她们的成长过程能带来什么启示,那就是需要学习、培养的不能仅仅是书本上的知识,学会怎样为人处事,有一个互相激励的朋友圈才能走得更远。

后记 大女儿看完这篇文章之后,说我把她写得太自律,其实她也常常被说教,还说小时候钢琴是被迫学的,十二年级的一天还被说的哭肿了眼睛,第二天上学还让同学以为她过敏了。有时她也偷偷看小说,只不过没有被我们发现。小女儿含着眼泪,却又笑着看完了,大概是她先苦后甜的记忆被触发了,她还帮我改了两个字。小的时候,大女儿说我们对小的太宠,慢慢她发现我们对小女儿也非常严。其实我们一直尽可能将一碗水端平，但无意中可能让大的孩子承担了更多的责任，这也许是为什么大女儿醒悟得早，小时候对她说教多，长大了反而越来越少，小女儿却正好相反。看样子无论大小，应该从小让她们负一样多的责任才对，但时钟已经不能拨回去了。好在两个孩子之间感情深厚，从不争吵，这是我们最为高兴的事。孔子说，有教无类，我们离这一点还差得很远，所以这篇文章只能供大家参考，毕竟孩子之间的差别大，所处的环境也不一样，但每个孩子一定有他自己的闪光点，需要大人和孩子一起去挖掘。大家都明白"授人以鱼，不如授之以渔"，培养孩子也一样。

| 2022年3月7日 | 写于中国广东深圳 |

我永远的神

我太太是山东人。我认识的山东人，除了爱喝酒，就是喜欢吃面食，特别是饺子，可以说是山东的面食之王了。我太太从小就特别喜欢吃饺子，常常因吃撑了而胃疼。后来她妈不得不限制她——一次最多只能吃10个。我太太常说，饺子蘸蒜泥，是世界上最好吃的东西了。

作为传承，她妈妈从小就让她学做面食，并教育她说："如果不会做饺子，今后就会嫁不出去！"没想到她长大嫁了个江苏人，我们家可从来没有包饺子这个说法。不过她也不是"英雄无用武之地",毕竟饺子和我们那里常吃的大馄饨没有太多的不同,都是皮包馅。不过饺子皮厚,可以容纳更多的馅料,一口一个饱,实惠;而馄饨皮薄,水常常能渗透进去,咬一口,汤鲜馅香。结婚后,我太太很快从我父母那儿学会了包大馄饨,而且能把大馄饨和饺子的优点结合起来:馅,有鲜肉、鲜虾、鸡蛋、粉丝,还有各种时令蔬菜;皮,手工擀得薄;菜,不完全拧干,可以让人咬一口饺子就有一口汁水,好吃极了。后来以至于发现饭店的饺子赶不上家里的,连两个女儿也最喜欢妈妈做的饺子。

有一天,我太太说,她有一个担心,万一她哪天生病了,想吃饺子怎么办?超市的速冻饺子肯定不对口味,于是想让我学会包饺子。心有诚而技不足,我尝试学着擀皮,发现两只手一只做前后运动,一只做旋转运动,协调不起来。一般我擀一个,她十几个都包完了。擀不了皮,那么就学着包吧,居然更不行:她一捏就是一个成型的饺子,我需要好几步才能完成,还往往包成"躺平"的饺子。她只好退而求其次,说我会包馄饨已经很不错了。虽然我妈妈从来没有教育过我"如果不会包馄饨,就娶不着媳妇",但我小时候也常常凑凑手包馄饨,没想到娶上太太后还能派上用场,难怪俗话说"艺多不压身"呢。但家有面食达人,难有我的用武之地。

今天虽然是星期天,但太太要从上午一直工作到晚上,家里有附近买的新鲜馄饨皮和调馅需要的荤素菜。想到她的生日即将到来,又是"三八女神节"前夕,我顿时觉得表现的机会到了。于是从冰箱里取出原材料,洗、涮、煎、切、剁,再加料酒、油、酱油、盐,还自作主张加了点鸡精,调成馄饨馅。趁着太太在里屋教网课,我悄不作声地包了起来,竟然花了2个多小时。我包的大馄饨虽然看上去有模有样,但我心里还是忐忑不安,就怕料添多加少,不合太太的口味。恰巧她下课出屋时,我包好了最后一个。看着她惊喜的眼神，我内心略感自豪。煮好后，应该说我的馄饨处女作还不错，两个人几乎把两盘子都吃光了。看着太太一边美滋滋地吃，一边绽放满意的笑容，我终于明白：为什么说好吃不嫌烦，关键是给谁做着吃；为什么说过程就是心意，重点是心意换来满意。

后记　前几天我问太太，生日买蛋糕吗？她说，不要。买花吗？也不要。她说，要不你给我写点什么吧。知我者太太也，谨以此文感谢太太 27 年来陪我走南闯北，现在又放弃国外的一切，回国从零开始。祝她生日快乐，岁岁如愿，她是我永远的女神！最后祝所有女神们节日快乐，你们顶起的不只是半边天！

III.

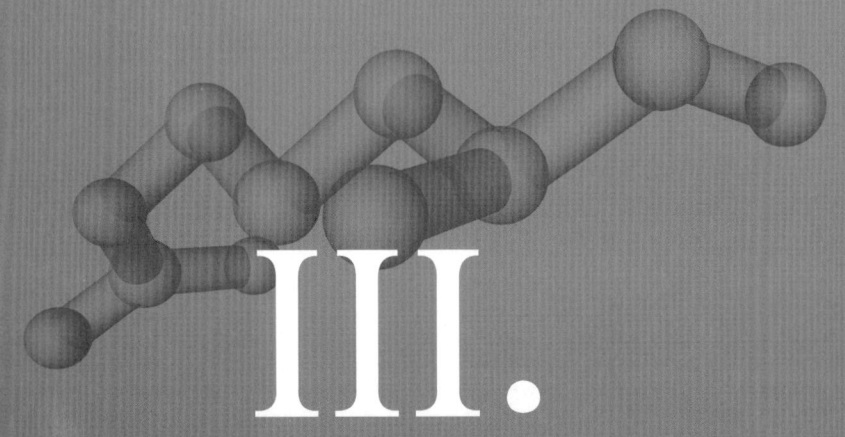

- ◇ 2018年9月28日
- ◇ 2017年12月3日
- ◇ 2011年3月7日
- ◇ 2011年1月12日
- ◇ 2010年10月24日

科研体会

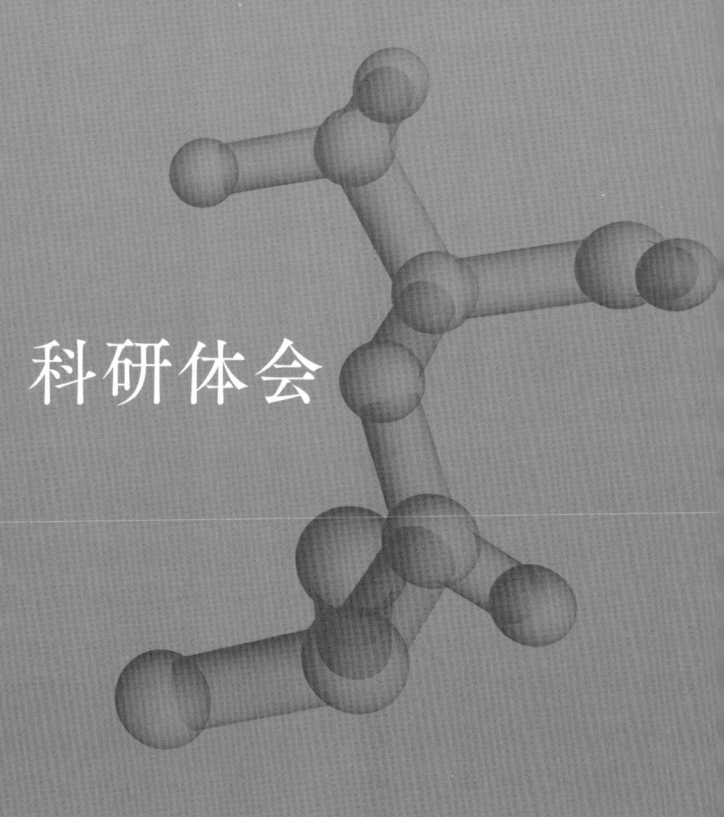

◇ 2024年2月1日
◇ 2022年7月20日
◇ 2022年6月21日

2010年10月24日　写于美国印第安纳州

人生是持久战,科研更是持久战

小时候,《论持久战》是语文课本里的内容。这是1938年5月,毛泽东总结抗日战争经验,提出抗日战争是持久战:既不能速战速决,也不可悲观绝望。他的理论为抗战取得的最后胜利打下了基础。但那时候我还没能体会文章的伟大。现在,在过了"不惑"、迈向"知命"之际,想一想我们的人生又何尝不是一场场持久战?

我对持久战产生顿悟是在2000年年底。那年7月,我去布法罗做助理教授。一开始,我憋足了气拼命工作,每天回到家就像瘫了一样。这样周而复始，到了年底，感觉身体素质明显下降。在太太的提醒之下，我明白了拿终身教职就是一场持久战，心急不得。从此我的生活作息开始规律起来，绝对时间要保证，工作效率更要注意。这段故事我对每个刚做助理教授的朋友都讲过：一定要把"老本"保住。正如我的一个家庭医生说的：年轻时像新车，怎么开都行；过了30，就像旧车一样要时时保养了。去年回国时见了我以前的一个博士后。那时他刚回国两年，在中国科学院一个所做研究员。他告诉我已拿了一个面上项目，正在争取重点项目。我问他忙不忙。他说每天两三点钟睡觉，比较累。我看着他的消瘦的脸，要他多多保重身体。我每次回国，都觉得国内同行比我们辛苦多了。大家都应该重新学一学《论持久战》了。

  我对持久战的另一个体验就是要不断战胜人生的一个个低谷，要乐观、自信。记得在乡下读高中时，我常常骑自行车上学。需要经过一段相当长的泥路才能上铺着石子的公路。每次下雨后，只能扛着自行车走过这段路。我那时由于很少有肉吃，营养不良，身体比较瘦弱，每次扛着自行车的时候，都是靠在心里默念"过了就好了，过了就好了"这句话来撑过去的。我在大学里有发现比我聪明的人多得多的失落，读博士时有研究项目不断失败的黑暗，毕业去公司工作后有人为什么活着的疑问，做博士后有经久找不着工作的痛苦，当上助理教授后更有辛苦争取经费的历程。俗话说得好，每人都有一本难念的经。只有克服了一个个低谷，才能上得了一个个台阶。人生如打牌，风水轮流转。不是不到，而是时间未到，要先苦而后甜。没看到最近的美国统计发现40岁以后年纪越大幸福感越高吗？人生是持久战，不是与人攀比、自找烦恼之战，而是不断战胜和超越自己之战。坚持得越久，就能争取到越大的幸福。

  我们搞科研更是持久战。一般像我们做理论预测的，越做越难做，做到最后，能比原来的方法改进1%也算是成功了。例如，蛋白质结构从头预测最近十多年进展甚微，硬骨头不好啃啊！所以，做研究，千万不要想走捷径，要踏踏实实、认认真真地追根究底。我在哈佛做博士后时，一篇论文交给导师后，他常常要我加做一些数据。刚开始时，我有抵触情绪，不以为然。一是因为我以前几个"老板"很少这样仔细，一时间不适应。二是因为我觉得加了这些数据，文章并不见得会增加多少分量。直到有一次，细节上的深入导致了新发现，这才使我明白注意细节的重要性。从此，我开始每篇论文都注意细节，尽量不放过任何疑点，因为写作不是研究的结束而是改进的开始。我有的学生有时求我发篇一般性论文，不要抠得那么细，但我坚持每篇文章都要尽善尽美。养成好习惯，才能有获得更大成就的可能啊。科研虽然是持久战，但不是枯燥无味的战争。因为更新知识能不断充实你的大脑，而创新发现会持续给你带来快乐。这也是为什么科学家能够"衣带渐宽终不悔，为伊消得人憔悴"啊。

> 2011年
> 1月3日

> 写于
> 美国印第安纳州

今天,这辈子最好的一天

前天,我开车上班的路上从收音机听到一则新闻。新闻报道的是一个便利店店主的事情:每当有人问他今天怎样时,他总是说今天是这辈子最好的一天(the best day of my life)。他乐观向上的精神深深地感动了我。是啊,如果能用欣喜、迫切的心情来迎接每一天,那每天就会是精力充沛,高效率、高产出的一天。

我以前有个从以色列来的博士后。我给了他一个已经做烂了的课题——蛋白质二级结构的预测,没有上千也有上百种方法已经存在了。有一年多的时间，每次我和他谈进展，他的进展总是不大。我组里的其他成员也和他讲这课题没什么做头，但他从来没有要求换课题。每次他都很有信心地告诉我下一步的计划，让我确信他会做好的。后来在尝试了各种方法后，他终于成功地发展了一个新方法，从而改进了二级结构预测的精度。我特别欣赏这样的工作态度。相比较而言，有人会在还没有做时，就觉得题目做不了。没兴趣是一回事，畏难就是另外一回事了。搞科研有点像算命：信则灵、不信则不灵。相信能做出来的，做出来的可能性才比较大。一开始就认为做不出来，思想已被束缚了，还能做出来吗？只有积极面对，主动出击，遇惊历险，才其乐无穷。当然，研究生做课题的时候最好是同时做几个课题，当一个课题陷入死胡同的时候，至少还有其他课题带来的希望。

今天是这辈子最好的一天就是要用乐观积极的精神去做好当天的事。只有在绞尽脑汁、想方设法克服所遇到的困难后，才会有特别的事让你自豪，让你感到这一天值得、是人生中最好的一天。

2011年
1月12日

写于
美国印第安纳州

科研不是工作，是事业

昨天，我太太和她的一个同事（高中化学老师）聊天。这位老师去年带领高中学生参加印第安纳州智力竞赛（Brain Game）和美国抢答杯（Quiz Bowl）获得第一名。那同事说，她的大女儿从小一直说长大决不做学校老师。这是因为他们夫妻俩都是中学老师，女儿不很理解为什么八小时之后还要为工作这样忙上忙下。后来，她女儿在上大学期间利用一个交换学习的机会去了西班牙。学习过程中，她喜欢上了西班牙，干脆在那儿读完了学位，最后找了一个小学老师的工作，在一个"沉浸式"学校（immersion school）教英语。她很喜欢目前的工作，终于明白了妈妈曾经说过的"教书不是我的工作而是我的事业（not my job but my career）"的真正含义。"不是工作是事业"这句话非常精炼地总结了这个拥有36年教龄的化学老师的成功经验。

"不是工作是事业"也就是说要把工作当成自己的事业来做。现在有的研究生、博士后把学习、科研当工作做：好一点的早九晚五，差的早晚都见不着，周末就更不用提了。曾经有一个国内来的学生因为去查经而没有去上研究生课。做学生一定要把学习和科研当作在建立自己事业的基础。只有基础打好了，事业才有成功的可能。建立自己事业的基础则需要把自己"浸泡"在学习和科研之中，也就是说要使它自然成为生活中的一部分。在晚上，你会常常因为想科研中的问题而想得睡不着觉，而周末做任何其他事情都觉得是浪费时间，恨不能一天当两天用。我对我的学生说，如果一星期多干一天，你就比别人多出近两个月，在这竞争的社会，两个月将让你处于非常有利的位置。但我从来不勉强学生在周末工作，因为一定要"心在"才行。我以前国内的一个老师说，当你开始在梦里讲英语时，你的英语水平就够你出去闯了。同样，当你开始在梦里想科研问题时，你的事业就有一定的基础了。而想要达到这个"从来不需要想起，也永远不会忘记""人事合一"的境界，就是需要真正地用心去爱上学习、爱上科研。只有真爱才能抵抗诱惑，排除万难去争取胜利。有了这个基础，毕业时不找工作找"真爱"（事业），最后就能做好工作、做大事业。

附上汉乐府之《长歌行·青青园中葵》作为结束语：

青青园中葵，朝露待日晞。
阳春布德泽，万物生光辉。
常恐秋节至，焜黄华叶衰。
百川东到海，何时复西归？
少壮不努力，老大徒伤悲。

2011年
3月7日

写于
美国印第安纳州

心动才能出息

我在大学的后两年，我爸跟我说有合适的就要抓紧时间谈谈女朋友了。科大还是有不少美女的，在路上常常可以碰着。当时我的确动过心，心动却没有行动，没有动脑想想该怎样做、学学找女朋友的招数。就因为这样不动脑不想办法，我爸说我是没出息的书呆子。出息者，出利息也。没有投入，哪有利息。

博士研究生毕业后，我去朋友的创业公司工作，从科研转行创业的几年里，兢兢业业，动脑卖力。虽然公司事业蒸蒸日上，但我始终没有找到"那是自己的事业"的感觉。整天忙忙碌碌，大多数情况下是做重复的事情。我对工作没有"心动",不能乐在其中。如果钱赚得多一点、做管理就算有出息的话,这样的出息我感觉没什么劲。终于,我体会到只有做科学研究才使我心动,所以又转回去做博士后。衣带渐宽,几经波折,从此浪迹天涯,也无怨无悔。

我太太也有同样的体会。她到美国后拿了一个MBA会计专业的学位,有十年的工作经验,但她一直觉得是在为别人打工。到了印第安纳州后,新公司的老板经常要求加班,动不动就训人。那时听说印第安纳州要大力发展中小学中文教育,她就把工作辞了,花了一年的时间,去需要开车一个半小时的印第安纳大学伯明顿分校拿了中文教师执照。然后,太太成功说服我们学区的校长开设初高中中文选修课,成了学校第一个中文教师。她感觉向美国学生介绍中国文化、文字和语言如鱼得水,天天动脑筋、想办法为学中文增加趣味:申请基金为学生办各种各样的活动(带领美国学生逛中国超市、吃中国饭店,去芝加哥中国城,参加中文竞赛,与华人同台演出,学拍中文电影等)、出差开会与同行交流,自愿加班加点工作,还兼任印州中文教师学会会长、IUPUI中文学校校长,最近她还得了一项外语教师奖。我常常感叹说她要做教授,一定比我强太多了。

所以要做成任何事情,你得找到自己的"真爱"。由心动而激发动脑的源泉。如果你不动脑,尽做一些普通技工能做的,那你迟早会被机器代替,或被低薪逼走,或因知识陈旧被时代淘汰。心动就是激情,动脑就是要创新。有激情,才会有创新。没有问题找问题,有了问题想方法。但如果动脑不动心,就没有动力。没有动力,就经不起风雨,更谈不上打持久战了。只有你爱的工作,你才会把它当成自己的事业来做,为她心动,为她憔悴。无限投入,才有出无限利息可能。人间走一回,做你爱做的事,爱你所爱的人,只有爱才是我们存在的唯一理由,只有爱才能给我们力量。还没心动?不要急着凑合,继续寻找,一定会发现的!

2017年
12月3日

写于
澳大利亚昆士兰州

身边的抑郁

听到"他有抑郁",就像"他患感冒",说来就来,一点预兆也没有。去年,我的一个澳大利亚本土学生来跟我说因为抑郁需要休假几个月,我当时有点懵了。因为在平时开组会、面谈时,我都觉得他算是挺开朗的一个人,而且在一个博士后的带领下,他的工作进展还是比较顺利的,出一篇比较像样的论文肯定没有什么问题。他向我解释说不是因为研究的压力,而是他的家族有这方面的历史,所以需要休假治疗。我连忙跟他说健康是第一位的,等身体好了再回来做学问吧。

这件事还是我成为博士生导师十多年来在我的学生或者博士后中第一次发生。但仔细回想起来，我身边这样的事情也不时会发生。在哈佛读博士后和在布法罗做助理教授时，隔壁实验室都发生过博士研究生自杀的事件。住在印第安纳时，同样的事情也发生在一个在普渡大学读本科的华人子弟身上。我还认识一位在礼来公司工作的工程师，我们接触过几次，记得他家中有两个杰出的孩子，后来在我们搬离之后，他因为抑郁而自尽。我读研究生时的一项工作是用计算机来解 Boltzmann 方程，但我当时并不知道的是 Boltzmann 还有许多其他统计力学、热力学的创始人都不幸地提前结束了他们的生命。当然，大多数抑郁不会导致自尽，也有许多抑郁过去了就好了，我两位导师之一在我师兄读博士的时候也曾经抑郁、治疗过。

抑郁的起因有可能是生活、工作上的压力，或者环境的压抑，或者身边的变化，甚至莫名其妙地心情就不好，然后人就像掉入黑洞里一样，越陷越深。在这过程中，"快乐、自信、社交"分子（如：serotonin，血清素；dopamine，多巴胺；norepinephrine，去甲肾上腺素）和"悲伤"分子（如：quinolinic acid，喹啉酸）的平衡被破坏，这些分子平时由各种各样的蛋白质调控，人与人之间基因的细微差异导致这些蛋白质在外界条件刺激下产生不同的反应，从而造成这些关键分子不平衡的时间长短也不一样。据科学家分析，抑郁 40% 与基因有关，所以有些人就因为无法控制的内在因子，更容易陷入"悲伤"分子过多或者"快乐"分子过少之中而不能自拔。而治疗抑郁的药也基本上是用于调节这些分子的量的。

触发抑郁的原因人人都或多或少有过，谁都会有人生的低谷。在我读研究生的第一年，做一个项目失败一个，每次的结果都是和原来的设想相反（有时不仅没有改进，反而更糟糕），连导师都不知道该给我什么题目了，我则开始怀疑自己不是做科研的料，甚是焦虑。后来导师建议我换另外一个导师作为主要导师，才有了突破。毕业后，自己找博士后、博士后后期找学校工作，甚至在大学工作后申请基金，无一不是千辛万苦，没有一个顺顺当当的。焦虑、苦恼、痛哭、无眠的经历，这些我都有过。庆幸的是，在家人的支持下，我的焦虑没有进展到抑郁的地步。

最近，我的朋友圈里也在讨论这个问题，我从中，特别是从一个医生的话里受益匪浅：解决问题的关键在于不要把抑郁当作示弱、难堪，或者羞耻的禁忌话题，更不能把抑郁跟自杀画等号，因为事实上，你很可能只不过是被你的基因所"绑架"了。像得了感冒，有的人没有太多感觉就过去了，但有些人一定需要吃药才能恢复，如果吃药能够帮助你尽快爬出抑郁的黑洞，为什么不呢？有一位朋友在朋友圈里说他的亲戚服用了左洛复（Zoloft），"快乐基线"明显低了，容易高兴。我特别赞赏我的学生勇于面对问题、积极寻找办法的做法。贫富的悬殊、资本的运作、知识的快速更新、竞争的激烈导致现代社会在生活和工作上的压力远远高于我们年轻的时候。"不要输在起跑线上"的攀比更把压力推到青少年，甚至儿童身上。所以如果心情不好，并且情绪开始对日常生活产生很大影响的时候，一定要找人倾诉，寻求专家建议，诊断后积极配合治疗。网上可以找到许多年轻时患抑郁甚至自杀未遂，后来转而拥有成功人生的例子。我的那位曾经抑郁的导师就是其中一例，他虽然治疗过半年，但此前、此后一直到退休都是"高产"科学家，在科学界享有相当的声誉。

根据统计，50岁以上的人幸福感最高。也就是说，绝大多数人的人生都会是一个先苦后甜的过程。所以当苦来的时候，可以加点糖（药），甚至可以不断加糖（吃药），就像一辈子与慢性病抗争，靠服药来控制病情、改进生活质量一样，又何尝不可呢？

2018年
9月28日

写于
澳大利亚昆士兰州

发现新型抗菌肽的长征

越来越多的抗生素由于细菌产生了抗药性而失去效果。现在对有些超级细菌、多重耐药细菌，已经快到了无药可用的地步。怎样设计新的抗生素，让细菌无法或者很难产生抗药性是一个尚未解决的重大问题。这里我们讲一下如何发现一种新型抗菌肽，使得细菌难以产生抗药性的故事。

这个新型抗菌肽新在哪里？有许多天然抗菌肽是靠在细菌膜上穿孔来实现杀菌目的的，我们的抗菌肽则与一些常用的抗生素一样，是靠抑制细菌关键蛋白（靶标）的功能来抑菌或者杀菌。因常用的抗生素发挥作用靠直接抑制关键蛋白活性位点，所以细菌可以通过活性位点的局部天然突变而产生抗药性。新型抗菌肽不是直接去抑制活性位点，而是靠破坏靶标蛋白的整个结构来彻底使其失去功能。因为结构是功能的基础，结构是皮，功能是毛，皮之不存，毛将焉附？也就是说一旦结构被破坏了，靠结构来执行的功能也就随之而失去了。此时，细菌将难以通过局部的突变恢复原来的结构，更不用说功能了。也就是说，从理论上说细菌将更难产生抗药性。

　　设想是好，但是对不对需要实验证明。那年是 2011 年，我在印第安纳，了解到印第安纳大学医学院的叶教授从事针对大肠埃希菌的甲硫氨酸氨肽酶开发小分子药抑制剂的研究。因为我自己没有实验室，詹剑博士后就借用他的实验室，买了几个我们预计能够抑制的甲硫氨酸氨肽酶的自抑制小肽片段，测试了之后，发现其中有两个片段的确能在体外溶液里抑制甲硫氨酸氨肽酶活性。但因为詹博士一直忙于其他项目，没空继续进行下去。

　　2013 年夏搬到澳大利亚后，我可以有自己的实验室了。我偶然想起也许可以连接穿膜肽来试试能够在体外抑制甲硫氨酸氨肽酶活性的小肽是不是可以在进入细胞后真正实现抑菌的目的。由于澳大利亚的十年级到 1 月份才开学，所以大女儿有很长的一段不上学的空当。她对实验感兴趣，于是她在詹博士的指导下试了试，发现其中一个小肽连上穿膜肽后，确实能够抑制细菌生长，这时我们才开始正式立项，由刚刚加入我们组的贾博士接手。

　　首先，对细胞内酶活性的检测及甲硫氨酸氨肽酶超表达细胞的抑制能力的测量都表明我们发现的这个小肽是在细胞内通过破坏甲硫氨酸氨肽酶活性来抑制细胞生长的。这一小肽不仅仅能抑制实验室的弱菌株，而且通过和昆士兰科技大学老师 Makrina Totsika 组的合作，我们发现这一小肽能够杀死医院里常见的野生菌株，包括从尿路感染患者中分离出的多重耐药大肠埃希菌菌株（UPEC isolate EC958）。但关键是细菌对我们设计的这一新型抗菌肽能不能产生抗性？贾博士进行了 30 天的连续传代耐药性测定，未观察到大肠埃希菌对该抗菌肽产生抗性，我们用于对照的抗生素恩诺沙星的最小抑制浓度却在 30 天内增加了 512 倍，这充分体现了新型抗菌肽的优越性，大家都为之兴奋。

我们进一步与格里菲斯大学糖组学所的 Helen Blanchard、Thomas Haselhorst、Michael P. Jennings 组合作，通过磁共振和细胞在变性或半天然条件下的免疫印迹分析，证明了小肽在细菌体内和体外都破坏了酶的结构。我们同时与国内山东德州学院王教授和边教授合作进行了分子动力学计算模拟，来阐明结构破坏的机制。蛋白质内部相互作用能量分析表明，这一小肽与大肠埃希菌的甲硫氨酸氨肽酶的结构核心具有最强的相互作用。利用这个特点，我们设计了针对淋病奈瑟球菌的甲硫氨酸氨肽酶的抗菌肽，和格里菲斯大学糖组学所的 Kate L. Seib 组合作，发现了这个针对淋病奈瑟球菌的抗菌肽不仅可以有效抑制实验室的淋病奈瑟球菌，还可以抑制多重耐药的世界卫生组织淋病奈瑟球菌参考菌株的生长。更重要的是它能够有效抑制该菌对人源宫颈上皮细胞的感染。

我们设计的新型抗菌肽的优点是特异性强，能精准地杀死对应的致病细菌。虽然大肠埃希菌和淋病奈瑟球菌都是革兰阴性菌，而且它们的甲硫氨酸氨肽酶高度同源，有 57% 的氨基酸序列是一样的，抑制淋病奈瑟球菌的抗菌肽却不能抑制大肠埃希菌，抑制大肠埃希菌的抗菌肽也不能抑制淋病奈瑟球菌。高特异性使得它能在不影响其他益生菌的情况下专门抑制致病细菌，并且高特异性带来低毒性，细胞毒性试验表明我们的小肽对人源细胞的生长没有什么影响。

总之，我们发展了一套方法来设计破坏靶标蛋白结构的小肽。这项工作对发展抗癌、抗病毒小肽也有启迪作用，该研究从 2011 年在美国开始，2017 年获得了澳大利亚卫生医学研究会的经费资助，最后文章在 2019 年《美国实验生物学联合会会志》(*FASEB J.*) 上发表，这个 8 年的科研"长征"，因为方法新颖，得到了多家媒体的报道。

2022年
6月21日

写于
中国广东深圳

怎样推动"从0到1"的原始创新：从基于AI神经网络的蛋白质从头设计说起

现在全国上下都在提倡推动"从0到1"的原始创新，也就是说做别人没有做过的事情，而不是改进前人的工作（"从1到N"）。这里我讲一讲我们课题组是怎样开始使用神经网络进行蛋白质从头设计（de novo protein design）的，希望能够抛砖引玉，跟大家一起探讨一下：什么是"从0到1"？怎样推动这样的原始创新？

据估计，地球上总共有一千万种蛋白质。但是氨基酸序列组合所能够产生的蛋白质数量几乎是无穷大，100个氨基酸长的蛋白质，就有10^{130}种可能，这个数目远超目前整个宇宙的原子数目（10^{80}）。所以，自然进化只用了蛋白质可能序列中极微小的一部分。目前已知的蛋白质虽然被发现有1万种以上功能，自然进化没有时间，也没有必要去进化生命过程中不需要的功能。因此怎样设计蛋白质，将其折叠成有新功能的结构，让万能的蛋白质变成无所不能的蛋白质是合成生物学家的梦想。蛋白质从头设计已经有 20 年的历史，长期以来，研究人员通过设计和改进能量函数来搜索、优化可折叠成指定结构的序列，虽然有相当一部分成功的例子，但是总体来看成功率不高，使得这类蛋白质设计方法无法被广泛地使用。

从结构到序列的蛋白质从头设计实际上是从序列预测蛋白质结构的一个"反问题"，AlphaFold 2 在蛋白质结构预测上的革命性进展，使基于 AI 的蛋白质从头设计取代基于能量函数的方法，成为主流。现在，几乎每隔一段时间就有一篇 AI 蛋白质设计的预印论文出现。

追根溯源，在深度学习还没有出现之前，我们课题组在 2014 年率先想到用神经网络来进行蛋白质设计。这个"从 0 到 1"的原创工作是我在印第安纳大学的博士生李职秀，与杨跃东（当年是博士后，现为中山大学国家超算广州中心教授）、Eshel Faraggi（博士后）和詹剑（博士后）合作完成的。这个设想起源于我们的一项发现：一个蛋白结构相对应的可能序列谱（sequence profile）与该结构的短片段（short fragment）在蛋白质结构库中相似结构短片段的序列相关。而这个短结构片段所导出的序列谱可以用来改进蛋白质基于模板的预测和蛋白质设计。

既然这样的短结构片段导出的序列有用，我们课题组便提出设想，为什么不直接使用整个结构来预测序列？这在当时是一个大胆的设想，因为要实现这一设想需要同时预测 20 个氨基酸的可能性，对当时没有深度学习情况下的机器训练的要求极高，而且结果不一定会好，容易过度训练，无法广泛应用。于是，我们设计了一个当时所能做到的、最多只有两层隐藏层的神经网络，把短结构序列谱和我们发展的统计势函数 DFIRE 预测的统计能量作为输入特征，小心翼翼地设计训练集和测试集以避免过度训练。我们把这一方法称为 SPIN（Sequence Profiles by Integrated Neural Network），并用未见过的已知结构进行了测试，设计的序列与原序列相似度可达 30%，能够与当时最先进的、基于能量函数的 RosettaDesign 方法所能获得的序列相似度媲美。对蛋白质而言，30% 的序列相似度，同源性足够高，已有可能折叠成同样的结构了。

2013 年，我到了澳大利亚格里菲斯大学，有幸与格里菲斯大学的机器学习名家 Kuldip Paliwal 教授合作，利用深度学习，把前文所述的两层隐藏层的神经网络增加到三层隐藏层，并使用了距离和角度作为新特征，这个 SPIN2 方法改进了 SPIN 方法，将设计序列与原序列的相似度提升到了 34%。

基于 AI 神经网络的蛋白质设计作为一个研究方向，一直无人关注，这个从 SPIN 的论文的引用率就不难得出：从 2015 到 2017 年的 3 年间，在谷歌学术上没有任何人引用；到了 2018、2019 年也仅仅有 2～3 篇被引用。道理很清晰，那就是走新路的探索者往往是孤独的，而且孤独有可能是持久的。直到强大的 AI 深度学习和 AlphaFold 出现之后，这股强劲的东风才让基于 AI 神经网络的蛋白质设计方向开始受到追捧。目前，强大超深的神经网络在日新月异地提高设计序列与原序列氨基酸的相似度。根据一些预印本文章，目前已经提升到 50% 以上，通过 AI 来基本解决蛋白质设计指日可待。目前，SPIN 论文从 2020 年开始以每年 10 篇以上的引用量递增，同时最新的综述文章开始认可 SPIN 和 SPIN2 作为"0 到 1"的开创性工作。

对于 SPIN 这个方法，在文章发表的当时并不能马上看出其前景，因为没有人知道 AI 深度学习在不久的将来会变得如此强大，所以我们的相关成果也只能发表在低影响因子的专业杂志上［*Proteins*（《蛋白质》），目前影响因子为 3.756］。由此可见，一个原创的设想，作为 1，很可能是一只丑小鸭，没有人会想到它在未来会变成天鹅，毕竟作为另类，刚开始难以被人欣赏，也许需要多年的成长，人们才知道它会变成什么，最后证明该原创工作的重要性。所以，我在基于 AI 神经网络蛋白质设计这个方向并没有获得任何经费资助，完全是凭兴趣去做的。

从事原创研究，我认为可以从三个方面着手。

1. **广种薄收**：要像天使轮投资一样，强调新颖性和方法的多样性，而不是将能否超越"最好"作为评价标准，因为谁能知道新生儿未来的发展呢？只要"多生多养"，其中一定会有奇才能将。
2. **放宽管理**：如允许 20% 的经费用在研究者感兴趣的其他项目。研究经费在国外常常被称为 Grant（赠予），而在国内多数是需要满足各种条条框框的 Contract（合同）。条条框框削减竞争、限制创新。有远见的公司（例如 Google）允许每个人一周有一天做自己想做的事业，而不是做公司的项目。需要赢利的私人企业都能让员工自由发挥，体制内主导的科研项目是不是可以做得更好？
3. **容许试错**：支持敢于试错、有原创能力的人，而不是具体的科研项目。现在国内各级政府的人才项目还真不少，此处点赞。只是人才项目的成功率太低，僧多粥少，并且常常"一人多帽"，资源集中在少数、同一批人的手里。资源越集中，创新就会越少，原创需要更多的人从不同角度去尝试。

致谢　感谢密苏里大学许东教授、昆士兰科技大学李职秀研究员、中山大学杨跃东教授的阅读和建议。

| 2022年 7月20日 | 写于 中国广东深圳 |

痛并快乐着：
蛋白质结构
预测的
边角故事

2023年9月，拉斯克基础医学研究奖授予了谷歌 DeepMind 公司的 Demis Hassabis 博士和 John Jumper 博士，以表彰他们发展了能够预测蛋白质三维结构的革命性计算方法——AlphaFold，此奖项是诺贝尔奖的风向标。AlphaFold 的成功是结构预测这个领域二十多年来翻天覆地的巨大变化，这是一个由量变所导致的质变。其中两个重要的量变是从预测分类转变到预测连续的边和角（就是原子间距离和二面角）。这里，我主要讲讲从我的课题组所开始的连续二面角预测是如何作为重要的一环最终引发这个革命性突破的故事。

生命过程中的每一步都要靠蛋白质这个分子机器来完成关键任务，有记录的蛋白质功能已经超过一万种，其中包括运输、马达、信号传递、抗体、结构支撑、催化化学反应等。就像一句英语由 26 个字母不同的组合构成一样，蛋白质的化学构成简单，是 20 种氨基酸经排列组合、链接在一起的线性分子。不同组合的氨基酸序列形成了不同的蛋白质机器，而这些不同的蛋白质机器之所以能够执行不同的任务，是由于它们能够自动形成各种不一样的、独特的三维结构。所以，要了解功能的机制，必须解析蛋白质的结构。但是用传统的实验方法解出一种蛋白的结构可能需要花费好几个月，60多年来人们仅仅解出了十多万种蛋白质结构，而已知的蛋白质氨基酸序列超过10亿种。所以靠实验解析所有蛋白质的结构，无论是费用还是时间上，都是不可能的。因此60多年来，用纯计算的方法来高精度地预测蛋白质结构是计算生物学的"圣杯"。

我于2000年来到布法罗做助理教授，不久我们组的博士后周宏毅就发展了用已知结构作为模板的蛋白质结构预测方法SPARKS和SP3，并在2004年有幸获得了国际蛋白质结构预测比赛（CASP）中基于模板预测的第一名。要进一步改进SPARKS方法就需要一个更加准确的二级结构预测工具来帮助搜索具有类似二级结构的远源结构模板。蛋白质二级结构通常指蛋白质主链的三个结构状态，是螺旋、片条形状，还是毫无规律可言的随机线圈。于是，我把这个任务交给了我们组新来的、有计算科学背景的、来自以色列的博士后Ofer Dor。他通过优化普通神经网络，使预测的二级结构精确度达到了80%，为当时最高。在做这个项目的过程中我们想到，为什么不绕过粗略的三态二级结构，直接去预测连续的二面角？毕竟是三个二面角（psi、phi和omega）决定了主链的结构。也就是说把分类的问题（classification）变成回归的问题（regression），就可以通过预测的角度直接构建主链结构了。于是我们就先试了一下psi角，发现预测误差太大，平均为54°。我这才明白过来：原来是自己初生牛犊不怕虎，想法太天真，复杂的psi角分布使得预测二面角非常有挑战，难怪大家都避开直接预测连续的角度。

2006年，我离开纽约州布法罗来到了印第安纳波利斯市的印第安纳大学做正教授，Ofer也回以色列创业去了。虽然之前对psi角度的预测不算成功，我仍旧不死心，就让生物物理专业出身的薛斌博士继续这个课题，并将psi和phi一起预测，用来直接构建主链结构。

他发现，通过对 psi 角度的简单位移，就可以把角度的误差一下子从 54° 降到 38°，而 phi 的误差为 25°。据我们所知，这是世界上第一个同时预测 psi 和 phi 真实连续角度的方法，并有相当的精准度。

不久，Eshel Faraggi 博士和张社生博士加入团队，他们通过多态预测与真实角度预测的结合以及神经网络算法的改进，成功地把 psi 角的误差进一步下降到 33°。同时杨跃东博士利用他们两人所预测的连续角度和三态二级结构，证明了在预测三级结构中，连续角度是比粗略化的三态二级结构要好得多的约束，因为预测的角度有无规则线圈区内的有用信息。在当时，几乎所有比较成功的蛋白质结构从头预测方法都是通过结构碎片或者模板的组装来预测三级结构的，例如华盛顿大学 David Baker 组的 Rosetta，佐治亚理工学院的 Skolnick，密西根大学张阳组的 TASSER、I-TASSER，芝加哥丰田计算技术研究所许锦波的 Raptor X，我们组的 SPARKS X 等，而我们通过预测真实角度来建立，并作为蛋白质特异性能量函数来约束、优化主链结构，完全不需要用蛋白质的已知结构或者已知结构碎片来作为模块，开创了一条新路。

2013 年，我来到澳大利亚格里菲斯大学，认识了著名机器学习专家 Kuldip Paliwal 教授，他是被广泛应用的双向循环神经网络的发明者之一。我们合作使用不同深度的深度学习方法来进一步改进角度的预测。我们的第一篇合作论文第一次将深度学习应用于蛋白质连续角度预测，并把角度的直接预测改成先预测 sin 和 cos，再通过计算 arctan 来得到真实角度，从而避开了角度的周期性。psi 角的误差从 33° 降到 30°（3 层隐藏层的 SPIDER2）、27°（4 层隐藏层的长短期记忆双向循环神经网络 SPIDER3）、23°（>10 层隐藏层的 SPOT-1D），phi 的误差也最终降到了 16°。与此同时，二级结构的预测也接近了理论的极限（精准度 86%）（SPOT-1D）。也就是说，通过近十几年的努力，我们在对真实角度的预测中，将几乎无用的精确度变成可以直接用来构建越来越可靠的主链结构（SPOT–1D）。

但是，这个用预测的连续角度来直接构建主链结构，并作为能量函数的一部分来优化和预测三级结构的设想没能走太远，因为即使有好的二面角，没有高精度的能量函数去导向准确的结构，还是不行。事实上，蛋白质结构从头预测的所有方法一直进展很慢，都是被没有好的能量函数所拖累的，虽然我们开发的 DFIRE 统计势函数是蛋白质结构预测最常用的能量函数之一。缓慢的进步靠的是越来越精准的二级结构和距离接触图的预测，并用这些预测来约束、改进不正确的能量函数的导向而实现的。

2019 年，当时在哈佛大学的 AlQuraishi 把我们的无结构碎片结构预测这个设想（二面角预测—主链结构构建—能量函数优化）全部搬到深度学习的神经网络内（二面角预测—主链结构构建—结构误差反馈，RGN 方法），因为 2016 年发明的可微分损失函数方法可以把通过预测的连续二面角构建的结构误差反馈、迭代，使端到端蛋白质结构训练和预测成为可能。这个 RGN 方法是一个重要的转折点，它第一次表明能量函数的作用完全可以在神经网络内部实现，而神经网络里几乎无限量的参数与几十或者几百人工经验参数的经典力场或者经验能量函数相比，有更好的能力来模拟复杂的蛋白质内部的相互作用。由于没有利用支链紧密堆积的信息，也没有利用共进化的距离信息，RGN 方法在后来实际蛋白质结构预测 CASP 比赛中表现并不突出。

稍后，NEMO 方法通过加入氨基酸之间的距离预测改进了 RGN 方法。2020 年的 AlphaFold 2 方法建立在 RGN 和 NEMO 方法的基础上，并有所创新：不再仅仅考虑粗粒化的主链，而是首先预测氨基酸残基的位置和氨基酸支链的二面角，以及残基之间的直接距离，再通过优化把残基连接起来、构成主链。这个创新抓住了蛋白质结构的稳定性依靠疏水支链的紧密堆积这个主要矛盾，避免了局部最优。而且该方法把同源序列直接输入，可以更加准确地获取进化和共进化信息，最终实现了蛋白质结构预测的革命性突破。我们注意到 AlQuraishi 和 AlphaFold 2 中主链或者支链二面角的预测与我们 2014 年的做法一致：他们也是通过 sin/cos 到 arctan 的变换来避免角度周期性的。值得一提的是，从离散的二态接触图预测到连续的接触距离预测，许锦波教授在这方面作出了贡献。

综上所述，AlphaFold 2 现如今在蛋白质结构预测上革命性的成功，是在众多科研工作者包括我们在内的点点滴滴的积累以及一环扣一环的进步之后才能一跃而成的。其中，从分类到连续真实二面角的预测是重要的一环，共进化信息所导致的精确连续距离的预测则是平行的另外一环，而由连续真实二面角构建蛋白结构所启发的、摆脱了能量函数的端到端预测是关键点。综合这些阶段性成果，加上先支链后主链的预测，输入所有同源序列成了最后的"临门一脚"。

蛋白质主链的连续二面角预测作为一个研究方向，一直是冷冷清清的，没有引起太多同行的关注，但是我们十多年一直没有放弃，我完全凭个人的兴趣在坚持着，即使到现在也只有少数人在发展的真实二面角预测方法，相比而言，预测蛋白质主链二级结构的分类方法超过 300 个。虽然在当时，甚至在现在，二面角预测方法并不能一下子让人看出其重要性。可以说，不被理解和接受是做原创的痛点，但一旦直接或者间接成就了像 AlphaFold 2 那样的未来突破，痛点就变成了快乐的源泉。"功成不必在我，功成必定有我"，痛并快乐着，这就是科研人的真实写照。

感谢密苏里大学许东教授和中山大学杨跃东教授的阅读和建议。也特别感谢中国人民大学龚新奇教授的讲座邀请，促使了这篇文章最后的完稿。

2024年
2月1日

写于
深圳光明

菠菜、天花板与诺贝尔奖：Karplus教授的科学传奇

去年夏天我去波士顿访问时，拜访了我的博士后导师Martin Karplus教授。他问我知不知道他的自传《天花板上的菠菜》（*Spinach on the Ceiling*），我以为他是指2006年在综述期刊（*Ann Rev Biophys Biomol Struc*）上写的同题目自述，便回答说知道。第三天访问波士顿大学时，师兄John Straub告诉我，《天花板上的菠菜》是一本2020年出版的书！师兄顺手从书架上拿出来，翻出其中一页，半开玩笑地说："还有关于你的一页呢，我还没有这样的待遇。"当时

我来不及买，便让女儿帮我买了，前几天才到手，利用周末的时间把书读完了，下面是我的感想。

《天花板上的菠菜》这个标题后面有一个故事：Karplus 小时候因为不喜欢吃菠菜，反抗母亲的要求，把菠菜泼到了天花板上。由此可见，小时候的他是一个非常有主见、"不听话"的孩子。Karplus 把这个事件作为自传的标题，充分体现了他认为独立、有主见的重要性。无论是科研还是生活，都必须建立在质疑的基础上，不能人云亦云、人行亦行，唯唯诺诺，一味顺从。书中有多个例子反映了他的人生态度。例如，他获得诺贝尔奖的原因，根据诺贝尔委员会的官方报道，是他在"复杂化学系统的多尺度建模"（量化计算与分子力场的混合）方面的贡献，但他觉得自己在"分子动力学在生物学上的应用"这个方向的贡献更大，被诺贝尔委员会忽略了，所以他决定在诺贝尔奖颁奖仪式上的演讲内容，不是诺贝尔委员会命题的"复杂化学系统的多尺度建模"，而是主要围绕"分子动力学在生物学上的应用"展开。

咱们中国文化强调孩子在家里要听大人的话、在学校里学生要听老师的话、长大成人在单位里要听领导的话。孔夫子的"君君臣臣、父父子子"，董仲舒的"三纲五常"，一直是中国文化的一部分。不追根究底、顺其自然，这也许是现代科学没有在中国率先启动的原因之一。回国之后，一团和气是主流，很少能够看到尖锐的科学讨论，这并不利于原始创新的发展。因此，家长千万不要嫌弃不听话的孩子，长大说不定能拿诺贝尔奖呢！也希望中小学教育能够教导孩子们怎样质疑、提问、独立思考，鼓励个性的发展、创新的思维，而不是一味要求听从。有教无类，因材施教，实现人才的多样化才是发展的根本。

Karplus 教授出生于奥地利维也纳一个富裕的犹太家庭，由于受到纳粹的迫害，散尽千金，全家逃到美国。在他那个世代行医的家族里，他原先的目标是做医生。但是高中的课外鸟类观察以及与科学家的交往，激发了他对科学研究的兴趣。其中，哈佛教授 Donald Griffin 认为只有有了结论性的证据（conclusive proof）才能发表文章的严格要求影响了他，使得他后来在科研上坚持追求细节、不放过任何疑点、争取获得尽善尽美的结果。他的坚持，也影响了他身边的人。我在 Karplus 教授课题组做博士后期间，他对我的文章的要求，也让我养成了对所有文章的质量从严把关的习惯。习惯的养成非常重要。越早养成优良的科学习惯，对科研传承助益越大。因此，让一部分初高中生尽早接触科研、学习科研精神、养成探究习惯，将使他们一辈子获益。国际高中文凭（IB）学校要求每个学生完成一篇长论文（Extended Essay，EE）就是一个很好的方法。我们深圳湾实验室成立了一个科普中心，与附近高中合作，积极支持、开展高中生科研实习项目，幼小学生也可在此进行简单科学实验和观察。培养后代、造就他人也是实验室影响力的一大体现。

在书中，Karplus 教授还提到一个"每五年换一个地方"的计划。他觉得通过更新环境、认识新人，可以保持心智年轻，不断创新。他去伊利诺伊大学香槟分校（UIUC）做助理教授期间，曾经有机会转去哈佛大学做助理教授，但是在哈佛大学从助理教授升为终身副教授的成功率极低，他的哥哥就因为在哈佛大学物理系没有拿到终身教授的位置，转去加州大学伯克利分校做终身副教授。所以在 UIUC 工作五年后，他决定先转去哥伦比亚大学做终身副教授。在哈佛大学转为终身副教授的要求之一，是至少发表一篇能够影响 10 年以上的、有划时代贡献的论文。他认为他在 UIUC 发现的、在核磁共振方向的 Karplus 方程以及 H+H2 反应的准经典计算可以达到这一点，而这两个工作正是后来他被邀请去哈佛做正教授的原因。他不断换地方的计划潜移默化地影响了我。我过去的"流浪"经历（从中国合肥到美国纽约长岛、南加州、北卡，再到波士顿）竟也与这个观点异常契合。以至于我离开哈佛后,也是几年换一个地方(美国布法罗、印第安纳波利斯,澳大利亚黄金海岸,现在到中国深圳),时空变换,受益匪浅!

值得一提的是,Martin Karplus 在上大学之前,一直生活在他优秀的哥哥 Robert Karplus 的"阴影"下。但这个弟弟后来的科学成就超过了在伯克利分校做教授的哥哥,这应该跟哥哥从小的榜样力量和帮助是分不开的。遗憾的是,他的哥哥由于心脏病在 1982 年就离开了大学。1990 年,63 岁的 Robert Karplus 就去世了,非常可惜。

Karplus 教授对生物学方面的理论计算工作在高影响力杂志发表难的问题也耿耿于怀。计算预测如果是新的,会因为潜在的预测错误的风险而被拒稿;如果与已知实验结果一致,又因为实验结果已经揭晓,预测工作欠缺新颖性。他提到,Barry Honig 和他预测的视网膜结构的工作,尽管有很好的评审意见,却因为没有实验证据而被拒。他不得不打电话去找 Nature 编辑来挽救,最终成为他的第一篇 Nature 文章。无独有偶,他书中提到的我的一篇 Nature 文章(也是我至今唯一的一篇),也是靠打电话救回来的。正如他在书中所说的,这篇文章对我获得布法罗助理教授的工作起到了决定性作用。高影响力杂志论文对作者找工作的重要性不言而喻,这是我们要面对的一个很残酷的现实。毕竟在一所大学里的小同行不多,大同行只能根据杂志发表的难易程度来衡量。我最有影响力的工作,不是那篇 Nature 文章,而是在名不见经传的《蛋白质科学》(Protein Science)这本专业杂志上发表的关于蛋白质统计力场函数 DFIRE 的文章,有超过 1 000 次的引用。我们深圳湾实验室,特别是我们系统与物理生物学研究所,在招聘研究员的时候,为了弥补所内专家研究领域的局限性,尽量找国内外的小同行专家来一起面试,从设想的创新性、研究的独特性和领域的先进性进行全面、专业地衡量。

Karplus 教授提到,在 1990 年代,因为经常被提名,他曾经每年都关注诺贝尔化学奖的揭晓，但后来就放弃了。因为他认为自己在1970年代的主要贡献由于时间太久，不太可能获奖了。2013年，当他得了诺贝尔化学奖之后，哈佛同事 Elias James Corey 教授（1990年诺贝尔化学奖获得者）来祝贺说，Karplus 的运气好，83岁才得奖，比他多了25年安静、快乐科研的日子。这不是讽刺，是真心话。给科学家安静的时间做科研，这正是国内现在亟需改进的地方。追求各种有年龄限制的、与收入挂钩的"帽子"，异化了这些"帽子"的本意，阻碍了科学家把最多的精力放在科研上，而不是在各种"帽子"和行政杂事中浪费不必要的时间和精力。此外，Karplus 对摄影、烹调情有独钟。我曾经有幸在他法国的家中访问时，吃过他亲手烧的菜，的确比一般的西餐好吃。书中提到法国蜗牛必须饿一周才能烹调，真让我大开眼界！想想国内的田螺，抓到就烧，哪有那么多的讲究？

  我已经很久没有读科学家的传记了。在中国科学技术大学做大学生的时候读得比较多，但那些传记往往不是科学家本人写的。可以说，《天花板上的菠菜》是我读的第一本科学家自己写的传记。虽然我受过他5年的直接指导和熏陶，读后还是收获不小，相信年轻的同学和正在奋斗的"青椒"们应该也会从中受益。

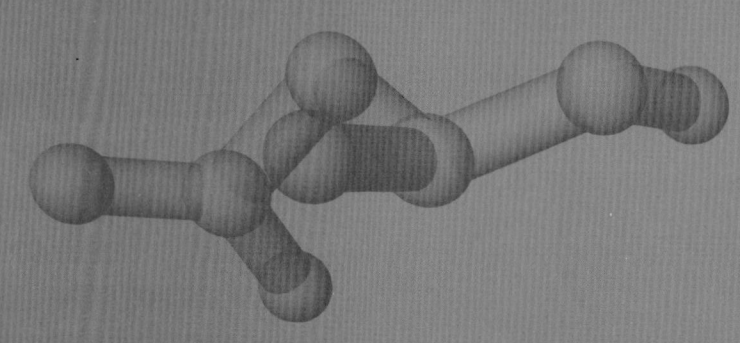

IV.

◇ 2018年11月18日
◇ 2017年11月12日
◇ 2017年3月8日

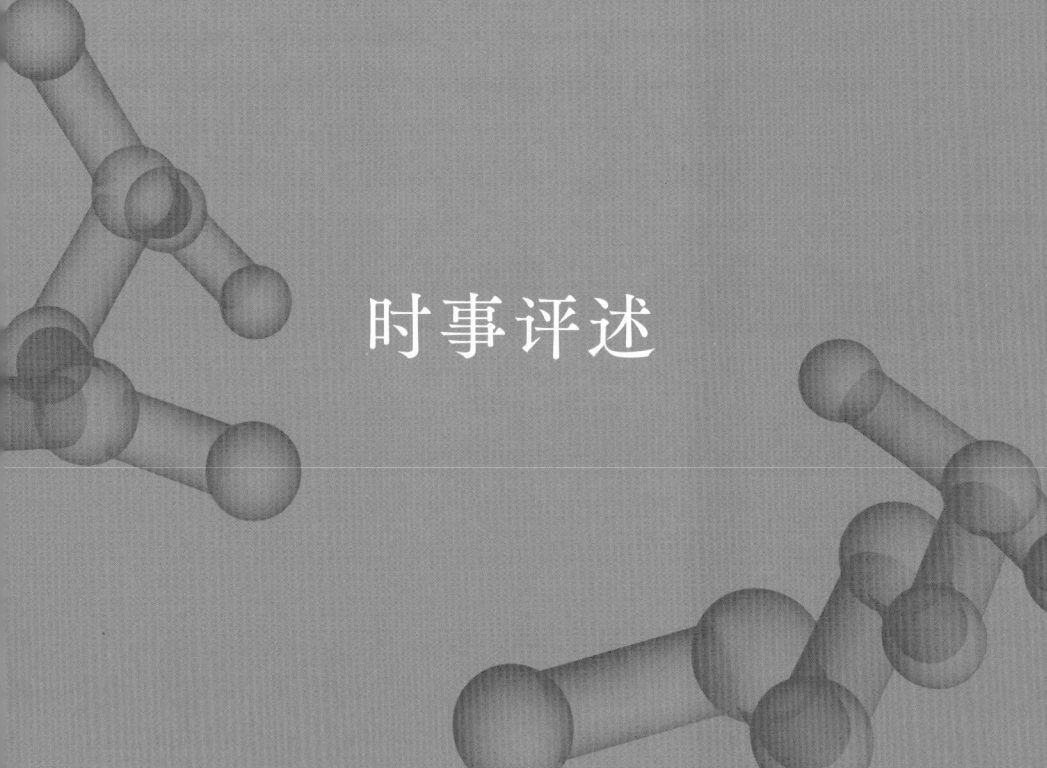

时事评述

- 2022年10月3日
- 2022年7月3日
- 2021年9月7日
- 2020年10月30日

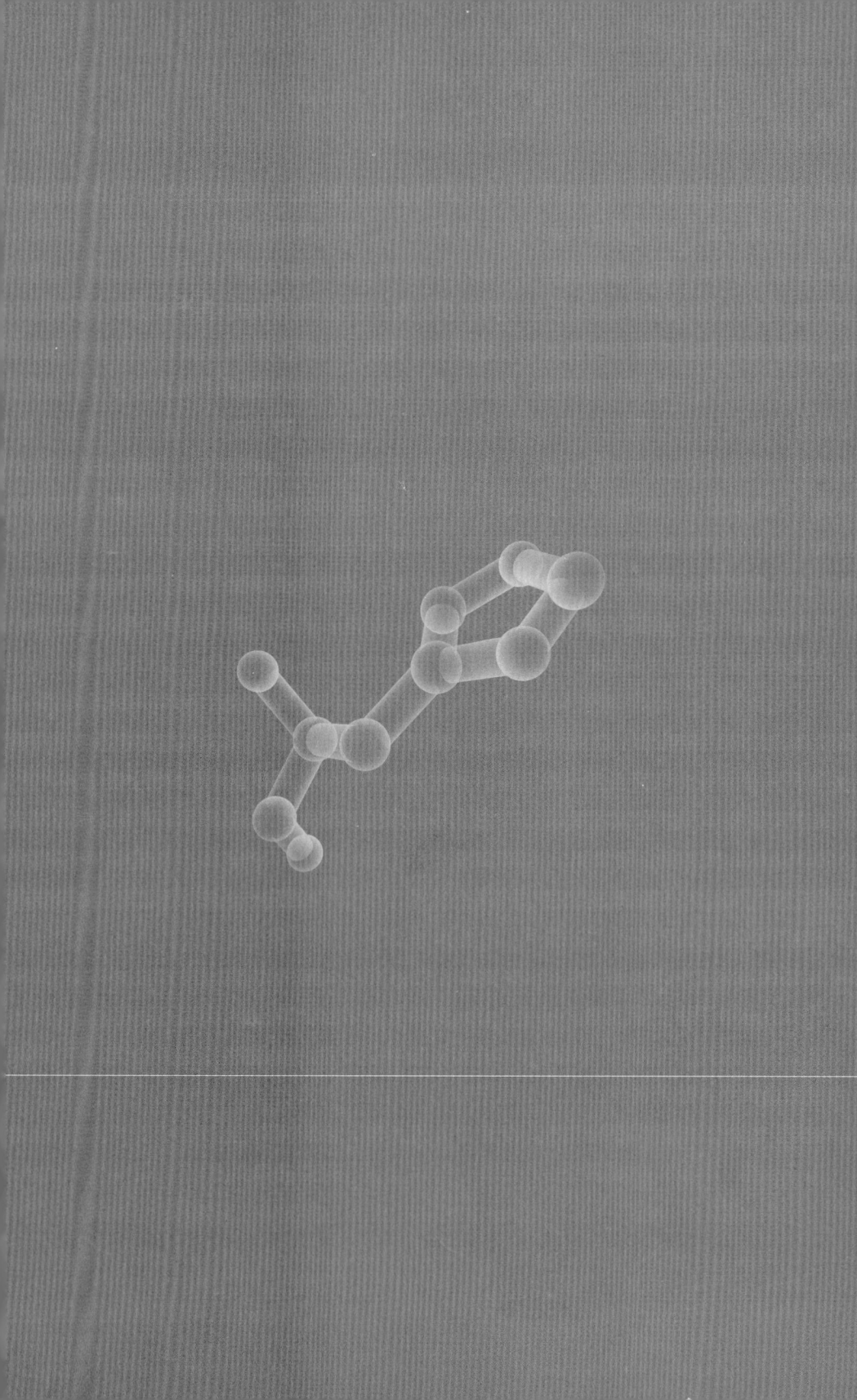

从生物多样性到人才多样性

写于澳大利亚昆士兰州
2017年3月8日

生物多样性，我小时候可从来没有什么概念。家乡的地里都是成片种植的麦子、稻子或者棉花，连鸟也基本上只有麻雀，我一直以为这就是自然风光。到了美国后，虽然说天上鸟的种类多了一些，但地上绿油油的草地、一望无际的玉米地，以及雷同的树林给我的感觉还是那样的单调。到了澳大利亚，见识了昆士兰的热带雨林，才真正知道什么才是生物多样性。

进入热带雨林，首先看到的是密密麻麻、粗细不同、遮天蔽日的树木。即使是大晴天，整个林子给人的感觉也是阴森森的，每棵树都高耸入云，感觉像是有几百米那么高，仰着头也看不见顶。大家都努力长高，因为谁占据了"制高点"，谁就有获取阳光、雨露的优先权。但除了那些老老实实、一寸一寸直往上长的大树，更有许多爬藤植物后发先至，靠缠绕、攀爬其他树而登顶。到顶后，这些植物还能横向发展，形成一个能覆盖几十平方千米树林的网络。在这个过程中，它们并没有以牺牲那些被攀爬的植物为代价，相反植物间横向的连接能够使它们更好地抵抗强风、共同繁荣。难怪"在地愿为连理枝"是经久不衰的爱情宣言。

生物的多样性在热带雨林里表现得淋漓尽致，尽管热带雨林只占地球面积的 2%，却生活着 50% 的地球生命，无论是奇花异草还是飞虫走蚁，真是应有尽有，让人目不暇接：我们见到了一种屁股上带着绿点的蚂蚁，据说是蚂蚁随身携带的维生素 C 胶囊；更不用说那群居在山洞里的发光蠕虫，既像是天上的繁星点点，又好似远处的万家灯火。

百花齐放、万物争春是热带雨林的象征，也是它生生不息的保证。多样化也就是说没有一个物种能占主导地位，各种病毒、细菌、植物、昆虫、鸟类等在不同的层次里及层次之间相生相克、此起彼伏、自相平衡。但是，人自从学会耕种养殖以来，种养的品种屈指可数。随着机械化程度的不断提高，人居住附近区域内的品种单一化（包括人类自己）规模也达到了极致，从而为大范围蝗灾、鸡瘟、各种传染病的肆虐提供了肥沃的土壤。整个人类历史，就是一部"人与天斗"诱发"人与人斗"的历史。

生物多样性能给我们带来什么启示？只有百花齐放、百家争鸣才是科技创新能力不断发展的可靠保证。只有人才评审专业化，才能使各类人才在不同专业里八仙过海、各显神通。但是，国内高考分数仍旧是能否进入大学的主要指标，科研人才考核常常以影响因子为依据，最近看到一个著名城市的人才计划明文规定以 Nature 或 Science 第一作者或者唯一通信作者为标准。我认识的几个博士，有许多特别优秀的专业论文，但由于没有 Nature 或 Science 而被国内大学拒绝考虑。评价人才的简单化、公式化必将导致人才的单一化。而资源日益集中于一小部分人手中定会阻碍科技创新能力的全面、长期健康发展。

前几天麻省理工学院招生放榜的新闻里特别强调今年录取的 1 438 个学生来自 62 个国家以及美国 50 个州，1/4 是少数群体，18% 是大学第一代，1/3 获得过国家、国际学术奖，许多是出类拔萃的运动员、艺术家、发明家。这样的人才多样化，才是一流大学经久不衰的源泉。

总之，万物争春才能经得起风浪，海纳百川才能造就它的宏大。

2017年
11月12日

写于
澳大利亚昆士兰州

计件评估正在坑害这一代科研人才

计件工资是早期资本主义时期比较流行的一种分配方式，它表面上挺合理，按劳分配，但资本家以此来尽量减少成本，工人为了生存不得不在很低的工资条件下工作很长时间，导致了臭名昭著的血汗工厂。追求数量的后果往往是质量的不稳定，因为即使是熟练工人，也可以通过偷工减料来谋取最大的利益。现代社会对质量的追求使计件工资越来越不流行，目前发达国家的计件工资主要局限在一些对质量要求不高或者质量能够保证、能够精确测量的简单劳动，例如农业、呼叫中心、卡车驾驶、数据输入等。

科学研究是复杂的脑力劳动，它与提出问题，用创新的方法分析、解决问题的能力紧密相关。科学研究据说是，至少在可见的将来是为数不多的智能机器人无法替代的工种。这样一种复杂的劳动按道理应该由一个复杂度相匹配的评估方法来衡量。的确，当我在美国从助理教授升为终身副教授时，评估经过了自我陈述、同事推荐、匿名同行评审，以及系内委员会、系主任、学院委员会、院长、大学委员会和校长等层层把关，一般需要一年左右的时间才能结束评估。美国终身教授的要求是在研究、教学和服务三方面中至少有一方面是"杰出"（excellent），其他方面为"满意"（satisfactory），而我当时的大学对副教授"杰出"的要求是要有在国内外发表、经同行审议的学术文章，在国内有初始声誉（Record of nationally and/or internationally disseminated and peer reviewed scholarship；Emerging national reputation），这是一个非常定性的指标。匿名同行评审非常关键，因为隔行如隔山，只有同行才能对你的成果的创新、科研声誉、行内影响力有真正的了解，而匿名是讲真话的必要条件。

国内现在大多数地方对科学研究进行非常简单的定量评估：如论文数、专利数、基金数等，唯一和质量有点关系的是所谓的杂志分区及影响因子，而对工作本身没有任何真正深入、仔细的匿名专业评估。这不仅仅从一些教师职称晋升规则中可以看到，而且许多项目特别是地方上项目的申请书及验收充满了此类定量指标，我见过发表论文100余篇、专利5个以上之类的指标。在发展技术上有定量指标可以理解，但基础研究评估的定量化就是变相地把复杂劳动简单化。

俗话说，种瓜得瓜，种豆得豆。定量评估的直接后果就是鼓励用简单劳动的方式来做复杂劳动。也就是说，能浅尝的决不深入，能跟风的决不立异，能保守的决不冒险，微创新为主，发论文至上。

论文审稿能找圈内朋友决不找外人，因为发表论文的目的只是一个数字，而不是一个让匿名审稿人免费帮助提升质量的机会。片面地追求影响因子已经导致某些容易在 Cell、Nature、Science 发表文章的热门研究领域在全国上下被重复投资，而国民经济的其他方方面面得不到应有的全面发展，难道有只有几朵花的春天吗？更糟糕的是有些大课题组成了论文生产线：每个学生只负责做一小部分同样的重复性工作，以此达到论文产出的最大化。我在美国的同事说他接触过的国内某些名校名师的学生虽然是 Nature 第一作者，但只会一点点东西，一切要从头教起，这不是在培养科研人才而是在训练技术民工。

追求数量会损害质量，可以说是放之四海而皆准的真理。从宏观来讲，过去片面追求经济数量增长种下了环境被破坏的恶果，虽然现在开始追求可持续发展，但被破坏的环境可能需要好几代人才能恢复！现在简单评估正在坑害这一代科研人才，难道还需要几代才能醒悟吗？

2018年
11月18日

写于
澳大利亚昆士兰州

代表作好,但决不能唯代表作

最近全国上下轰轰烈烈地开展了"破四唯"(唯论文、唯学历、唯奖项、唯职称)运动,雷声很大,雨点可能也不小,的确要破!正如我去年的一篇博文所说的,计件评估正在坑害这一代科研人才。但是俗话说,破旧要立新,如果新的不来,旧的不会自己离去,不然的话,运动过去了,该干啥还是会干啥。怎样立新是一个问题,其中"代表作"作为一个打破"数论文"做法的方案被提了出来。所谓代表作就是只列出过去5年(或者10年)内3～5篇代表最好工作的文章。代表作的本意是鼓励大家追求质量，不片面追求数量，是好事！但是怕就怕代表作变成简单粗暴的唯代表作、唯影响因子作。学物理的都知道，只有量变才能引起质变，没有一定的数量，哪会有"一步登天"的质量？唯代表作不是真正地去追求质量，而是一个"数影响因子"的新游戏。唯代表作的危害极大，将伤害大创新发展的前景。

唯代表作的一大危害是对学生培养的忽略。如果导师只想发"大"文章，学生很容易被驱使成为"大"文章里的小部件，每人只负责一小部分，得不到全面的培养。如果"大"文章迟迟发不了，学生就会被绑架，迟迟毕不了业，渐渐失去对科研的兴趣。学生是未来的人才，不是"一将功成"垫脚的枯骨。没有功底扎实、全面发展、保持科研兴趣的好学生，就没有未来。

唯代表作的另一大危害是损伤研究基础的积累。如果只追求所谓的大创新，忽略创新所需要的积累，必将导致"竹篮打水一场空"。因为大创新需要用小创新来探索，没有小创新的锻炼、基本技能的稳步发展，得不到大创新的思路。正所谓"一口吃不成一个胖子"，大创新是小创新培育出来的。刻意去追求大创新，不是风险极大（很可能是死路一条），就是靠体力、财力，而不是靠脑力的大项目。做科研必须"大小搭配"才能保持研究的活力。很多大创新是在做"东"的过程里发现"西"的，常常是可遇不可求的，关键在于要保持在学术上的活跃，不间断地探索及在小创新基础上发展。无论哪个诺贝尔奖获得者，他的大多数论文还是以小创新为主，人生能有几次"神来之笔"？例如 Karplus 最近的 100 篇论文（2006—2018），75% 发表在影响因子 1～6 的杂志上，只有 5% 发表在影响因子 >10 的杂志上。

总之，唯代表作只是从"数论文"变成"数影响因子"，换汤不换药。现在某些地方已经开始仅将一区或者影响因子 >10 的论文算作代表作。没有绿叶的滋养,哪有红花的艳丽?需要红花,就必须要有鼓励绿叶发展的土壤,更不用说我的体会是真正蕴含大创新的文章常常由于见解独到而被"打压",只能发表在所谓的小杂志上。想要原创,就必须彻底抛弃想简化科研评估的念头,下放行政权力,让评估交给没有利益冲突的同行!

2020年
10月30日

写于
澳大利亚昆士兰州

新冠病毒诊疗呼吁基于大数据的全国统一电子病历

"新冠"的诊疗，假如我们有基于大数据的全国统一的电子病历，也就是说所有病人的治疗过程即时登记在全国计算云里，那么一个跟踪各个地区各种疾病即时发生率的计算软件就能够自动发现不同寻常的高峰，发出流行预警，从而避免地方可能的拖延，为全国的决策争取到最多的时间，把危害降到最小。

这个全国统一的电子病历更是挖掘数据的金库。例如根据病人的症状、用药记录，可以用统计、深度学习的方法研究各种药的效果、副反应，以及可能的新用途。也可以利用数据库，分析各种疾病的地区差别和可能的环境关联、疾病治疗价格的差别，以及医疗事故的原因。更重要的是可以通过就诊病人和已知病例的比较，发展帮助医生诊断、找出最佳治疗方案的智能助手，从而打破地区、城乡在诊断和治疗能力上的差别。

电子病历的重要性可以从该领域发表的科研文章数量上看出来。PubMed上收集的论文数量从2008年的100篇井喷到2014年的3 000篇左右，而从2018年又开始快速增长起来，去年有3 500多篇。其中，深度学习在这方面的应用文章也从2015年的2篇快速增长到去年的99篇，今年到现在也已经有了92篇。我国在电子病历科研上的工作总体还很少，2020年的最新100篇里只有2篇是中国的。不过今年92篇电子病历深度学习的文章里面有13篇是国内的，反映出我国在深度学习上的实力。但国内的一些朋友告诉我，获取数据的过程困难重重，有时甚至同一家医院里不同科室间获取数据都有障碍。

既然大数据电子病历这么重要，为什么还没有实行统一的电子病历呢？事实上，国家已经推动此事10多年了，但进展缓慢。规模小、层级低、不同地区数据割裂……原因是多方面的：执行需要的费用、医生花费的时间、病人隐私的保护，当然还有数据拥有者的利益。要解决这些问题，我个人认为由国家统一招标、统一施行就可以极大地降低费用、打破数据垄断，而快速语音输入是减少医生工作量、普及电子病历的必由之路。目前杭州走在了全国的前面：从去年8月开始在全市6 000多家定点医疗机构全面推行电子病历。但这只仅仅是开始，而且不知道所有电子病历是否都在全市统一的数据库里。

去年年底"新冠"的突然发生体现了全国数据统一的迫切性，现在税务数据已经统一了，下一个是不是该电子病历了？

2021年
9月7日

写于
中国广东深圳

中澳两国人才迁居比较：目前人才政策缺什么？

8年前，我被澳大利亚格里菲斯大学作为英制正教授引进，从美国移居澳大利亚。今年3月，我作为资深研究员全职加入深圳湾实验室，回到国内。在这里，我试着比较一下这两次迁居，供参考。

入境签证

澳大利亚：我接受澳大利亚格里菲斯大学的工作后，学校直接启动为我申请永久居住，我在网上就可以为全家申请移民。其中最麻烦的一个要求是要在美国指定的机构（最近的也是需要开车3小时以上的肯塔基州）体检，特殊原因，我们跑了两趟。除此之外，还要提供出生证、毕业证、无犯罪记录、结婚证。本来以为在我去澳大利亚之前就能拿到永久居民身份的，但万万没想到的是我在职业名称那一行选错项了，而且不允许递交修改，此次申请只能作废。大学雇了移民律师帮我重新申请，同时学校为了我能按时到岗，为我申请了工作签证。让我印象深刻的是，所有签证都是电子的，不需要去澳大利亚领事馆就能搞定；所有证件的原件由附近的公证人看过盖章之后扫描上传，不需要面试，也不需要提供原件，全家的永久居民身份在我到澳大利亚一个半月就获批了，太太和孩子们在两个星期之内就动身起飞来与我相聚。

中国：疫情期间，只有从事必要的经贸、科技活动，以及出于紧急人道主义需要的才能申请签证。而且外籍人才可以申请，外籍家属不能随同申请，所以只能我一个人申请，申请签证必须有省级外事办的邀请函。我通过单位拿到了工作许可通知和广东省政府外事办公室邀请函，先电子邮件通过初审，再去布里斯班总领事馆面交申请，比较顺利地拿到了工作签证，于今年3月回国。工作签证的要求是在1个月内申请居留许可证，我在酒店隔离了2周，幸亏"2+1"的1周居家隔离要求恰好被解除了，所以隔离结束后，必须马上申请居留许可证。首先要在指定医院体检、照相馆拍照、进行住宿登记等，然后带原件去面谈。因为当时只有工作许可通知，还没有正式的工作许可证，我只能办理短期（半年）居留许可证。有了居留许可证，再办理工作许可证，然后再去面谈办理长期居留证，不久前我刚刚获批了五年的居留许可证，一件大事总算办好了。我问单位是不是可以办永居，发现我符合人才引进政策，但是不能同时办理人才的家属引进——人才的家属要求在国内住满5年，每年9个月以上，并且有稳定生活保障和住所才能办理，现在只能先办我的申请。

子女教育

澳大利亚：公立、私立学校相邻而建，可以自己去比较，没有任何限制。大女儿考上了公立精英高中，小女儿上了家附近的私立小学。私立小学相对美国的私立学校便宜，才一万多澳元（5万元人民币）一年，与幼儿园的费用基本一样，主要原因是政府给私立学校补贴，同时我的两个孩子已经有了永居身份，所以按本国人标准收费。

中国：我的两个孩子已经高中毕业，不再有选学校的需求。但在国内上私立国际学校非常贵，一个朋友的两个孩子在上海读国际学校，一年要花费70万元人民币。至于外籍孩子能不能上公立学校，好像看各地政策，我还真没有去深入了解。

健康医疗

澳大利亚：有了永居身份，就可以申请获得政府医疗卡。虽然有医疗卡，政府还要求购买私人保险，主要保住院、牙科、眼科以及理疗针灸之类的费用，根据保险级别的选择，保险费差距非常大。平时我们以看家庭医生为主，看家庭医生，验血，照X线、B超都走政府医疗卡，对自己来说相当于免费。其他专科医生通过家庭医生推荐预约，挂号费也高低不同。

中国：单位交了社保，就有了社保卡，平时看病就可以用社保卡。看任何科的医生都可以预约，国内社保卡的门诊、验血检测费用比较低。单位还有体检福利，很方便。但若家属没有工作，就没有社保卡，也有可能自己去买社保或者私人保险，这个我还没有去研究。

交通出行

澳大利亚：澳大利亚承认美国驾照（虽然一个靠左开，一个靠右行），连笔试都不需要（但美国对澳大利亚的驾照持有者待遇不同，需要路试）。我们在澳大利亚住的区有公交车，车站离家比较远,而且每趟公交车至少间隔半小时,所以没有汽车很不方便,我刚到一周就买了一辆代步的汽车。

中国:购物非常方便,走几步路就有菜场、水果店、饭店。公交系统也是四通八达。把澳大利亚驾照换成中国驾照只需要一个笔试,但我一直没有找到时间静下心来去看考题。来了半年,上下班基本靠自行车,去远的地方靠地铁,有时想省时间就打车,车费也适中。买一辆燃油汽车需要"摇号",听说电动汽车也要开始要"摇号"了,所以我现在还没有买车的念头。

住房租买

澳大利亚:我们在澳大利亚先租了几个月公寓,紧接着花了60多万澳元(300万元人民币)买了200平方米左右的别墅,这已经比在美国布法罗、印第安纳买的房子贵很多,但比悉尼等大城市要便宜很多。

中国:单位有人才公寓,租金比较便宜。深圳是国内房价比较高的城市,目前深圳正在调控房价,买房需要"摇号"和积分。光明区这里一平方米为5万元左右,跟深圳其他地方比还算是便宜的。我还没有打算买房,毕竟现在只有一个人住在这里,人才公寓已经挺好的,房子等我太太被允许入境后再考虑。

总之,国内医、食、住、行各方面很便利,人才的工资看齐国际水平。尽管买房贵一些,但租房还可以。中澳人才迁居的不同主要体现在对家属的政策。回国后,我发现人才单身一人回国的比比皆是,因为疫情家属不能随行而滞留海外的人才也不少,我们单位就有一个等了快一年了。也有人因为家属不能回国,今年暑假不得不回美国帮忙照顾孩子。我觉得暂时无法安顿好家属是令许多人还没有回来的主要原因,如果国内能够把人才的家属(配偶、孩子)作为整体来引入,成功率一定会高很多,毕竟筑巢才能引凤、安居会更乐业。

2022年	写于
7月3日	中国广东深圳

抛弃影响因子，计算颠覆因子

全世界科技界受影响因子的毒害久矣：追热门、跟风向、造新闻、编故事。已经有科学家开发、验证的"颠覆因子"却不被以盈利为目的的公司使用。呼吁有人才、有实力的企业、单位根据期刊发表文章的"颠覆因子"来鼓励大家从事多样性的、踏踏实实的原创性工作，摆脱目前国内外受影响因子影响而扭曲的评审系统。

我们见过多个大学的排行榜，比较出名的有《美国新闻与世界报道》、英国的《泰晤士报高等教育》，还有上海交通大学的《软科世界大学学术排名》（ARWU），各有千秋。期刊排名呢？科睿唯安（Clarivate）的《期刊引用报告》一家独大。虽然有国内的中国科学院文献情报中心期刊分区，但是它与期刊的影响因子有明显的相关性。在科睿唯安最新的 2021 年《期刊引用报告》里，一些杂志与"新冠"病毒相关的综述得到大量引用，影响因子大幅度上升，再一次说明用所谓影响因子来衡量杂志水平的荒谬。现在是抛弃期刊影响因子的时候了！

期刊的影响因子是该期刊在前两年发表的论文在当年的被引用量除以前两年发表的总论文数而计算得到的。这样的计算方法的问题很明显。

首先，只考虑两年内的引用量。强调这样的短期引用量，相当于变相鼓励大家做热门课题，因为热门的研究方向做的人多，自然而然有高引用量。这样的后果很严重。例如，关于人类蛋白质组的研究，95% 的工作在关注 5 000 种已得到充分研究的人类蛋白质，而大多数其他蛋白质被"打入冷宫"，属于"未被充分研究的蛋白质"。鼓励追求热门项目，也会导致"内卷"和资源分配的浪费。更重要的是，原创性或者颠覆性工作，不管是科学还是技术，往往有引用滞后（所谓的"睡美人文章"）现象，需要比较长的时间才能得到大量的引用，追求短期影响就会激励大家去做热门的、跟风性的、扩展性的，而不是开创性的工作，因为跟踪热点很快能得到许多人引用。

其次，影响因子用的是平均值，少数超高引用量文章把持了整个期刊的影响因子。综述性文章介绍一个方向的概况，自然会比普通科研论文有更高的引用量。综述性文章与普通科研论文不分，甚至与新闻稿、评论文章也不分，导致今年一些杂志由于新冠病毒相关综述的高引用量，出现影响因子大幅度上升的诡异现象。

此外，影响因子不分专业。各个专业从事科研的人员数量不一样，人多势众的专业，互相之间的引用率自然就高，比如关于癌症的期刊的影响因子比数学期刊要高得多，但并不能说癌症期刊里面文章的水平比数学期刊里面文章的水平更高。虽然有一些根据大学科专业来归一处理的方法，但是现在越来越多的文章是多专业交叉的，对它们怎么归一是一个问题。

除了影响因子外，谷歌学术利用期刊的 h 因子（h-index）对杂志进行排名。某期刊的 h 因子是指该期刊在 5 年内发表的论文里有 h 篇论文超过 h 次引用。与影响因子比，h 因子更强调中期（5 年）的影响，但是它更偏向发表文章多的杂志。《自然通信》(*Nature Communication*)比《细胞》(*Cell*)及其他自然子刊排名高，主要靠它们发表的文章多。而且，h 因子也没有解决不同专业引用率不一样的问题。

我呼吁有人才、有实力的企业、单位根据期刊发表原创文章的颠覆因子来鼓励大家从事更多的原创工作。颠覆因子（disruption）是 Wu、Wang 和 Evans 在 2019 年发表在 *Nature* 上的文章提出的。这个因子是指引用了该论文，但没有引用该论文所引用的论文的论文数（ni）减去那些同时引用了该论文及该论文所引用论文的论文数（nj），然后用引用该论文的论文数（ni+nj）加上那些没有引用该论文却引用了该论文所引用论文的论文数（nk）来归一 [D=（ni-nj）/（ni+nj+nk）]。这个颠覆因子可以衡量一篇论文是后来工作的起点（原创性工作，D～1），还是研究工作发展中的中转站（跟风、发展性工作，D～-1）。他们用诺贝尔获奖论文（高颠覆因子）、综述论文（低颠覆因子）、专家的调查、关键词汇的使用验证了颠覆因子的可靠性。

这个颠覆因子的好处是不受专业的影响，也不受时间的限制，每年可以把某个期刊在 10 年内（或者 5 年内）发表的文章都计算一下，做个平均值（或者中间值）。不仅仅可以计算颠覆因子，期刊的相对引用率也可以用每篇文章的相对引用率（ni+nj）/（ni+nj+nk）来计算，不受热门、冷门还是跨学科专业的影响，这个颠覆因子还有后续的改进。期待着有单位挺身而出，摆脱目前国内外科学界被影响因子所扭曲的评审系统。是时候了！

| 2022年10月3日 | 写于中国广东深圳 |

> 来了,就是一家人:
> 谈谈如何成为一个理想的全球人才聚集地

　　吸引国际人才,成为全球人才聚集地,是加快创新步伐、领先国际研发水平的必由之路。谁拥有了人才,谁就拥有了未来,因为人才才是发展的决定性因素。刘备有了诸葛亮,才有了40余年的蜀汉政权,就是这个道理。

　　在21世纪的现代社会,怎样才能成为一个理想的全球人才聚集地?其实也很简单:这样的聚集地,应该是一个为人才提供充分机会的地方,让他们以擅长的方式规划、发展自己的职业生涯,无论是研究、开发、还是创业；应该是一个他们在工作时间和工作之余都感到被包容在内的地方；此外，也应该是他们筑巢和养家糊口的地方，跟家乡没有什么两样，甚至更好。

首先，全球人才聚集地应该是一个有包容性的地方，人才的职业晋升应该完全基于业绩，而不是根据内部关系、某些人的喜好、年龄、头衔、种族，或者性别。回到国内后，作为科学家，我发现国家的自然科学基金委运作得很好，但是它有一个典型的问题，即过于谨慎，倾向于资助那些风险较小而不是大创新的项目。虽然国内现在越来越强调创新，但真正重大的创新想法通常和可行性的要求是互相矛盾的，如果可行性高，就一定不是什么重大创新的设想了。其实西方国家也有这样的通病，他们是通过对经费使用的粗放管理来绕开这个创新性难以判断的问题。也就是说，真正的创新来源于允许科学家利用部分时间和部分经费做项目书以外的、探索性的研究工作。国内也可以这样做。

目前国家科技部和国家自然科学基金委过于强调大型合作项目。这些大型合作通常会让以前并没有什么合作历史的、只为获得更多合作经费的人聚在一起。这类"买卖婚姻"是行不通的，如果他们以前没有合作的兴趣，将来的合作也只会停留在表面上。合作应该是自然而然发生的，而不是为了钱。只有工程项目才需要大团队的一起努力，科学研究主要是由自由探索、个人创新的积累驱动的。但是现在国家自然科学基金委的个人项目申请成功率太低，每个项目的经费又太少，应该大幅度减少团队项目、增加个人项目，提高个人项目申请成功率，让更多年轻科学家看到希望，更多的创新得到尝试。

其次，全球人才聚集地不应只考虑人才，而应将其家庭视为一个整体。家庭问题是多数人需要考虑的重要因素，现在国内有许多海外人才把家人留在了国外，这不是一种稳定或永久的安排。如果一个地方不能吸引家庭，就很难吸引很多人才。即使它能吸引一些人才，也无法永久吸引这些人才，也就是说，全球人才聚集地至少应该对家庭友好。

什么是家庭友好的地方？一个家庭友好的地方意味着安全、健康、良好的家庭生活和教育环境，还能提供配偶的工作机会。深圳在提供一个安全而美好的生活场所方面做得很好，它的犯罪率很低，每个街角都有公园。然而，在教育方面，它还有改进的空间。例如，相关规定对父母或子女的深圳户口、在深时间等有一定要求，只有满足要求，子女才有资格进入本市的公立学校就读，这会吓跑许多外国家庭。另外，公立学校的学生分配有一个非常复杂的评分系统，有点令人费解。以前我在美国或澳大利亚，规则很简单：无论是住在自己的房子还是租房，小孩就有权去当地的公立学校。它不歧视谁是租房的或谁是有自己房子的，它也不歧视谁是外国人或谁是本地人，这是非常简单而公平的制度，而一个复杂的系统会为腐败和不公正提供空间。国内有很多国际学校，就像西方的私立学校一样。然而，国际学校的费用远高于美国或澳大利亚的学校，可能是因为缺乏竞争，只对外国籍学生开放。取消这些限制和增加竞争有利于降低成本。许多人才留家人在其他国家而独自在中国奋斗，孩子的教育是主要原因之一。

人才配偶经常面临的另一个重要问题是，他们无法随人才获得中国的社会保障卡。我妻子在国内有正式工作之前，半年多没有医保。在美国，我所有的雇主都提供基于家庭的健康保险，包括我在做博士后研究时。当我到澳大利亚工作时，我的所有家庭成员都会自动获得医保。

再次，全球人才聚集地应该有一种尽可能平等对待外国人和本国人的态度。在美国和澳大利亚，有了驾照和社会保障卡，我就可以像其他人一样自由行动。在国内，没有中国身份证，生活很多方面都受到了限制。例如，广东省的防疫场所码，外籍人士无法扫码通过；当我使用中国社会保障卡时，护士总是很难找到我的账户。现在，我有了永久居民卡，这让我的旅行更方便，因为它可以用于酒店入住、飞机和高速列车订票及出行。在此之前，我必须先到窗口领取火车票。但许多应用程序和线上政务系统也需要中国身份证，永久居民卡仍不能使用，更不用说外国护照了。尽管这些都是小问题，但它们往往会累积起来，给生活带来不必要的困难。我可以比较快地解决这些问题，因为我会中文，但我可以想象那些不会中文的人才的沮丧。建议为所有在中国工作纳税的国际人士，像美国和澳大利亚曾经对待我这个国外人士一样，设置纳税号甚至纳税身份证，这样就可以解决应用程序和政务系统的身份验证问题，避免由外国护照号码变更带来的一系列的麻烦。解决这些小问题，会使人才们更加感到宾至如归。

最后，全球人才聚集地应该对其他语言和文化持开放态度。我留意到一些城市出现了减少英文街头说明的新闻。我不太理解这一现象，是否违背了我们开放、自信和包容的初心？当我们在国外看到中文字而兴奋的时候，我们完全可以为国外人士提供这样的方便。针对这个问题，政府还应该为在中国工作的国际人士包括家属提供免费的汉语课程，以便他们更好地学习中国文化和语言，更容易与当地人交流。我去过的美国和澳大利亚都为移民提供免费英语课程，帮助他们更好地融入社会。我认为中国肯定能做得更好更多，毕竟我们是礼仪之邦，更何况学中文要比学西方语言难很多。

"来了就是深圳人"，我很喜欢深圳的这个口号。尽管还有许多进步的空间，但作为一个目标，它体现了伟大的包容精神。吸引、接纳全国各地的人才是深圳在最近十几年实现跳跃式发展的关键因素。要实现下一个飞跃，深圳，乃至全国，必须成为吸引世界各国人才的基地。中国兴衰的历史是"开放、各族融合则兴,自大、闭关自守则衰"的见证。因为许多问题需要在国家层面的政策上解决,所以我倡导这样的口号——"来了就是一家人",也就是说不要见外,一视同仁。这符合中国"世界大同,天下一家""有朋自远方来,不亦乐乎"的文化,也符合中国构建人类命运共同体的理念。况且,我们生活在同一个地球村,有同样的基因——它使我们成为同一个物种,叫作人类。

V.

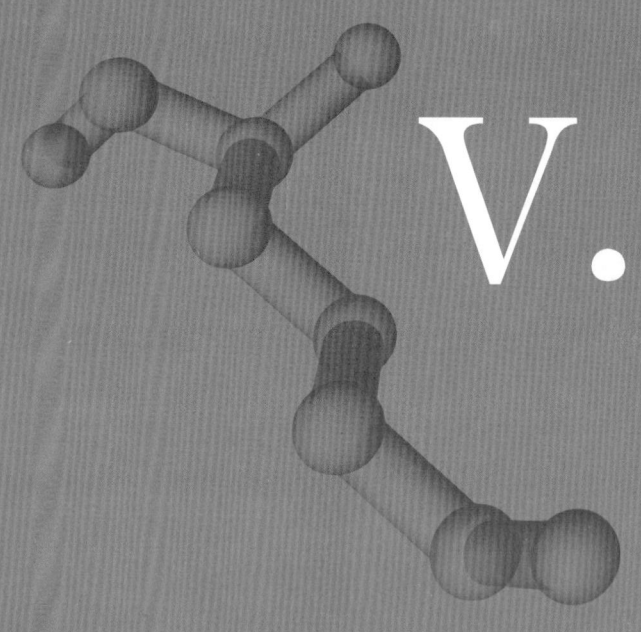

- ◇ 2017年11月4日
- ◇ 2011年1月31日
- ◇ 2010年11月9日
- ◇ 2010年10月17日
- ◇ 2010年9月13日
- ◇ 2010年9月3日

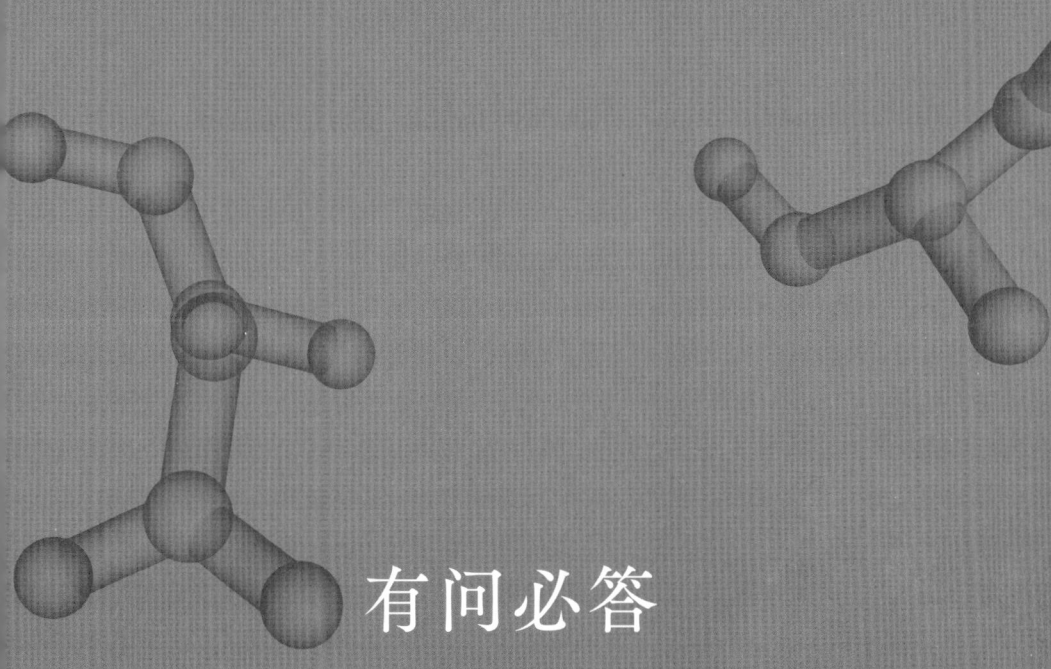

有问必答

◇ 2023年2月12日

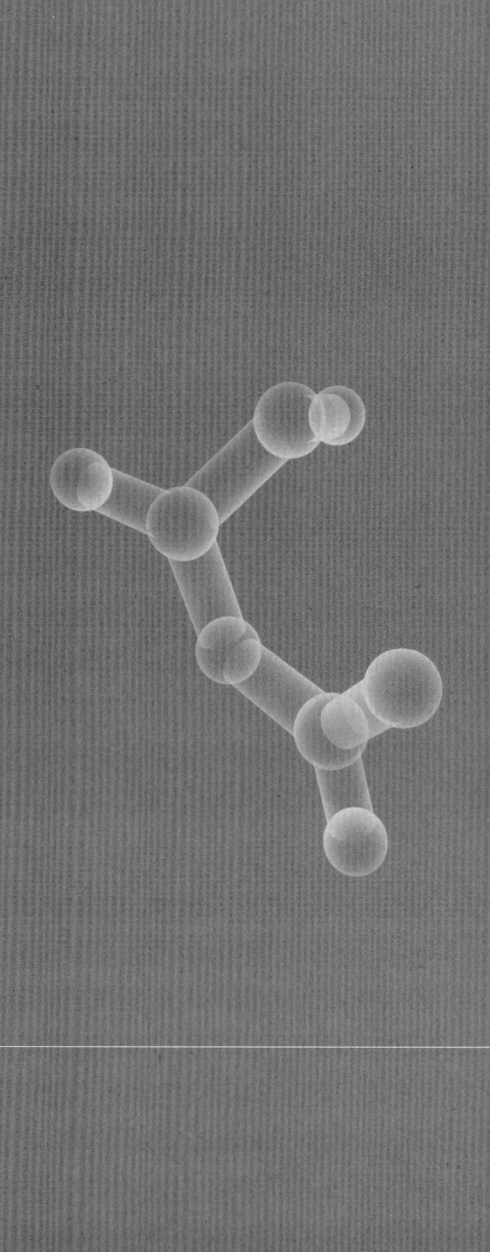

2010年
9月3日

写于
美国印第安纳州

怎样找到一个适合你的博士后导师？

找博士后导师就像找对象，最好是互相看对了眼。但在现实生活中，找合适的导师和找对象一样难。你喜欢他，他不一定喜欢你；他相中你，你却看不上他。师从名校大教授对你今后找工作有极大的帮助，但不是所有的名师都能出高徒，有的导师可能还很自私。如果你的独立科研能力强，对该领域有一定的了解，论文好而多，则无须考虑太多，直接申请。但是，非名校小教授可接触的时间多，言传身教可能比较细，也许你会学的更多一些。所以在计划申请博士后之前，请考虑以下几点。

1. 首先想想你在博士后期间要干什么。千万不要再做与之前类似的项目，做一模一样的课题会使你变成技工。学不到新东西是做博士后的大忌，你的前途和发展将会受到极大的限制。最好是你未来的导师做的和你现在做的有部分重叠，这样既可以利用你已有的知识，又可以掌握新的技能。
2. 根据你要做的方向，搜寻阅读相关网页和文献，从中筛选你喜欢的教授，注意分析他最近文章的发表量及引用率、学生毕业去向和毕业时间长短。名教授不一定在名校，名校的教授也不一定都有名，有名的教授也可能处于半退休状态，这些可以从他的近况分析得出。
3. 对你相中的教授，不管是否有招聘信息，直接投你的申请信。你的信必须简短又有针对性地描述你的独创历史及具体技术能力，并体现出你的个性。你的简历特别是论文数量和质量必须支持你信中的描述。一封毫无个性的申请信还不如不送，没人会对你感兴趣，多发掘一下自己的优点。
4. 除了直接投信之外，也要至少提前半年跟踪招聘信息。因为你相中的大多数导师可能不在招人，而且你的名单也可能漏了不少。
5. 收到面试通知后，积极准备。事先想好可能的问题及答案，要实事求是地介绍自己的个性、贡献和才能。
6. 收到聘用信后，比较利弊，从自己长期发展的角度来作决定。

最后，就如找对象那样，对想象中的导师要求不能太高，但也不能将就。毕竟不管你愿意与否，他（她）将会对你的一生产生极其重要的影响。

2010年
9月13日

写于
美国印第安纳州

怎样成为优秀博士生或博士后？

托尔斯泰说，幸福的家庭都是相似的，不幸的家庭各有各的不幸。同样，做博士生（后）失败的原因多种多样，而成功之路大同小异。正在做博士生（后）吗？算一算你离成功有多远？

1 晚上，我常常因为思考科研中的问题而睡不着觉。周末，我做任何其他事情都觉得是浪费时间。恨不能一天当两天，用于科研。（10分）

2 我爱听讲座。即使跟我做的研究没太大关系，听不太懂也会去。平时这些事业有成的科学家"神龙见首不见尾"，看他的论文哪有听他的讲座有效，这可是三维立体、有图有真相。（10分）

3 在课题组会和讲座上我常常提问，因为我知道没有愚蠢的问题，只有愚蠢的答案。（10分）

4 我心甘情愿地和我的同学分享我学会的技术，助人必助己，吃亏就是占便宜，说不定哪天我要求人呢？（10分）

5 虽然导师的想法可能有问题，我还是要想出多种方法来解决它，决不轻易言退。（10分）

6 我定时定点跟踪主要杂志。既然进了这领域，就要把握它的即时动态，登高才能望远。（10分）

7 对我得到的原始数据，我首先思考分析这些数据，想一想它告诉了我什么，再想一想我怎样证明我想得对不对，然后再和导师讨论。（10分）

8 我从不瞒着导师，即使他可能自私，不从我的角度出发。但是，听听反面看法能帮我作出更好的决定。反正最后决定权仍在我手里，他是阻挡不了我的。（10分）

9 论文的引言和讨论部分很难写。这对我而言是一个机会：可以把这项工作的前因后果彻底想清楚，可以找到工作中的不足和思索进一步的发展。（10分）

10 科学面前人人平等。我知道好导师喜欢有想法的人，如果他不信，只能说明我的说服力不强，讲得还不清楚，或者我的证据不够多。（10分）

11 我的题目很难，这是导师相信我而给我的挑战，我要尽一切努力攻克这个难题。（10分）

12 导师以前说做完这个就出论文了，现在让我加新数据，我

要能自己想到就好了，这说明我没有深入全面地考虑已有的结果。（10分）

人勤能健身，脑勤利一生。要成功就要多用脑，多看多想多问多做多动，做到这一点想不成功也由不得你了！我自己算了一下我读博士生时得了70分，你呢？

| 2010年10月17日 | 写于美国印第安纳州 |

怎样尽快熟练掌握英语口语和听力？

　　我太太是我们学区高中和初中学校教中文的外语老师。她在一个偶然的机会认识了一对姐弟，美国人，大概二十五六岁。太太发现他们汉语的口语和听力极佳，根本没有典型美国人说不准汉语声调的问题。更让太太吃惊的是，他们从来没有上过正规的中文课，也没有去过中国，完全是靠自学成才。她请他们到她的学校，给她的美国学生们介绍学习中文的切身体验。他们的方法是那样的简单：看中文新闻、电影、报纸，姐弟俩在家里尽量用中文交流，到处找中国人聊天。他们有一个信念：学外语一定要学得纯正，否则就是不尊重该国文化。

他们的成功使我想起了在国内时，英语是我的弱项，我花了很多时间背单词、记语法，却感觉效果不明显。我刚到美国时，既听不懂也说不出，因为在国内学的是英国发音，练口语也不过读读课本而已。但很快，我能听懂的越来越多，口语也不断改进。这一切是在我既不再记单词，也不去背语法的同时发生的。我把这个进步归功于喜欢读报纸、看电视新闻，同时日常生活强迫我说英语。我发现普通话说不标准的，英语发音也很难标准，我的江南口音仍然没能去得了，这是我找教授工作困难的其中一个原因。为了使我的音调更美国化一些，我模仿电视新闻发音相当长一段时间。发音准不准固然重要，但语调、语气和在哪里停顿做正确了，至少交流不会有问题。正如同老外说中文，如果声调对了，我们基本都能听得懂。

前几天，一个国内学生问我怎么提高英语水平，包括听力和口语。这促使我写下了这篇文章，并给他开了如下处方。

戒中文电视、中文新闻、中文网站，只看英语频道，仅听英语新闻，边听边模仿语气、重复音调；多看英语电影、英语小说、英语报纸，找一切机会与母语是英语的人聊天；靠英文字典来理解新单词。也就是说，要把自己整个浸泡在"英语汤"里，每天1—2小时，泡个半年，保证原汁原味。刚开始听不懂没关系，慢慢会听懂越来越多，贵在坚持。美国姐弟俩就是成功的榜样。

什么是永远热门的"专业"?

2010年11月9日 写于美国印第安纳州

此文曾经作为卷首语发表在《求学》杂志上。

哪个专业最热门?这是大多数学生和家长都很想知道的一个问题,因为热门的专业意味着未来的工作和生活保障,正如俗话说"女怕嫁错郎,男怕入错行"。但是一般目前热门的专业,在你大学或研究生毕业找工作时并不一定吃香。20世纪90年代的互联网泡沫和早前爆发的金融危机,致使一些热门专业就业变冷,充分体现出追求热门的盲目性。

这里我告诉你一个永远热门的"专业"——创新。学会了创新这个跨专业的"专业",女不用怕"嫁错郎",男也不会再"入错行",因为处处需创新、行行出状元！学会创新，你会发现，原来你可以随兴趣的变化而换专业；你会发现，自己成了金子，在哪里都能发光！我自己的专业就从凝聚态物理转到高分子物理、计算生物学，最后到现在的结构生物信息学。创新是我能在不同专业都有立足之地的保证，而专业变换也成了我不断创新的源泉。中国现在和未来各行各业均需要大量"毕业"于创新这个"专业"的人才。创新已是热门中的热门。

人人都会创新，它是我们的本能。当我小女儿问这问那时，我听到了创新的序曲；当她独立解决一个小问题而兴高采烈时，我看到了创新的激荡。只要保住我们好奇求知的天性，注重发展挑战已知的才能，我们就能创新。

创新还可以自我开发、自学成才。创新其实原则上很简单：看别人没看到的，想别人没想到的，做别人没做到的。做到也不困难：只要比别人多想想、多试试，多一点耐心，多一份执着；正面想不出来，反过来想；借他山之石，用类比联想；想到就问，问到就思，思到就做。我在读大学时，随身带着一个小本子，想到什么就记什么。刚开始没什么可写的，后来越记越多，对什么都议论，有想法。这培养了我从没问题中找问题以及思考解决办法的能力，并为我现在成为一个科学家打下了坚实的基础。

我最近拜读了吴甘霖的一本书《方法总比问题多》。他说在公司里，一流人才遇到问题，不找借口找方法。其中列的很多找方法的手段，我也有亲身体会。我博士毕业后的4年里，参与了从零开始建立环境测试公司的全过程，这个过程就是一个不断找方法解决问题、不断创新的过程。虽然科研和公司里的创新目的不同，但手段是一样的。我建议这本书也成为每个学生的必读书，不仅要读，更要将找方法、创新用于日常生活中，使之成为习惯、变成自然。因为，勤奋是创新的伙伴，努力是发现的温床。以兴趣为引导，用深思来促进，你一定能成为创新的人才。

2011年
1月31日

写于
美国印第安纳州

推荐信的五大要素：你的好推荐信是如何来的？

学生希望老师写一封好推荐信，老师也希望能写好推荐信把他的得意门生"卖"出去。最近由于负责招聘生物信息学教授，看了很多推荐信，有的写得非常好。这里介绍一下学生如何为老师提供素材，老师如何抓住要点写推荐信。从审阅者角度而言，好的推荐信基本有以下几个特点。

1 需"长篇大论"：篇幅长的（至少1页以上）表明对被推荐

人比较了解、有话可说，也能表明是真心极力推荐，愿意花时间、下功夫来写。勉强写的推荐信往往空话多、篇幅短，一看就知道没有放心思在上面，仅仅是完成任务而已。这样的信一点用也没有。

2. **用事实说话**：我太太说，小时候爸爸教她作文时要她记住"典型、例子、数"。同样，好的推荐信就是要抓住典型、让事实说话、用例子和数字阐明，写得越具体、越详细越好，要以小见大。只有赞美没有根据，说明推荐人除了说好话、说官话之外，对被推荐人并不真正了解。

3. **要全面介绍**：好的推荐信需要全方位介绍，越全面越好。一般至少包括原创性（creativity/originality）、积极主动性（motivation）、独立性（independence）、合作性、学习理解能力、写作能力、交流提问能力、基础和当今文献知识面、勤奋程度等。写推荐信大多数人只写好的一面，但有时看信不仅要看写了什么，更要看什么没有写，各个方面都要用事实来说话。例如，原创性往往涉及高影响力论文中被推荐人的原创性贡献；独立性由某篇论文的设想的来历和发展来证明；合作性从和同事同学合作、帮助别人的例子中体现出来；积极主动性、勤奋程度则可由论文数量、正在进行的项目中表现出来；写作能力可以从论文和项目写作的贡献谈起。

4. **须跟踪关心**：当推荐人对所推荐学生离开后的工作有深刻了解并保持联系，表明这个学生的确出色，推荐人一直在关心着他的成长，学生继续和他互动。

5. **有比较鉴别，并大胆预测**：一个很有效的方法是将被推荐人和已经离开并获得成功的学生进行对比。如果以前某学生在MIT做教授很成功，你认为被推荐人比他还能干，这就很直接很具体地说明了被推荐人的水平,说服力很强。

总之,想要得到一封好推荐信,就得让老师有东西可写。无中没法生有,巧妇难为无米之炊。作为学生,能常常超越老师在各方面的期望,眼中有活,让老师惊喜;离开老师之后,又能常常联系,让他知道你的进展。这样,就不用愁没有好推荐信了。

2017年
11月4日

写于
澳大利亚昆士兰州

申请美国博士研究生的自我陈述该怎么写？

申请美国大学的博士研究生除了考试成绩、简历之外，常常还要写一篇长短要求不一的自我陈述（Personal statement）或者目的陈述（Statement of purpose）。我在美国大学做老师的时候，曾经多次参与招生委员会的工作，趁这次亲戚家的孩子让我帮忙看看她的自我陈述的机会，把我个人的体会写下来，希望能够对同学们有点用处。

自我陈述其实就是一封让招生委员会觉得非你莫属的"求职信"。陈述的目的是得到一份在大学读博士所需要的奖学金。你本科、硕士就读的大学，已经获得的考试成绩，研究经验仅仅是你的硬件，而自我陈述需要把你的软件部分（个性）充分体现出来。

因为这是一个研究生的位置，你需要讲清楚：为什么你将会是一个优秀的研究生，你的人生追求、目标、动力是什么？努力程度如何？提出、分析、解决问题的能力怎样？思考能力、创造力如何？有没有团队精神？要用具体的学习、工作，甚至生活中的例子，用真实可信的故事加以说明，切莫喊空洞的口号、写无用的标语。

但申请研究生，特别是申请著名大学的优秀人才很多，为什么这个大学要挑选你？这就需要证明你的兴趣、特长和该校的某些导师的研究方向完美地匹配，要充分体现出你对某个科学问题的深度了解和把握（目前研究水平、存在问题等），表明你已有的技能及快速学习能力能使你很快进入状态。以上内容写得越具体越好，但要深入浅出，用大家都能明白的语言。例如，你可以讲讲你的研究兴趣的发展过程，为什么它成了你的长期奋斗目标？为什么这个学校某个导师的研究方向能够帮你达到这个目标？为什么本科生、硕士生的经历让你做好了进入这所学校从事某个导师研究方向的准备？你从过去的研究经历中学到了什么？有没有什么个人、朋友、家庭的原因使你对这所学校特别有兴趣？

总之，自我陈述要通过具体的例子来展现出一个自信、成熟、积极主动、吃苦耐劳、爱思考、能钻研、已经准备好为科学献身的你。如果你觉得自己做不到呢？如果做不到，又何必去读博士呢？博士不是一个人人必须得到的学位，一定得有兴趣，真心地爱好，吃得了苦、扛得住压，必须是你自己愿意为之而奋斗。此外，网上有很多这方面的材料，你所要申请的学校网站上可能也有具体指导。多看看网上的经验之谈，想想别人的样本是怎么写的，从范文中学习是最快的学习方法，但一定要用自己的语言、讲自己的故事。

2023年
2月12日

写于
中国广东深圳

ChatGPT来了，科学家该怎么办？

ChatGPT（Chat Generative Pre-trained Transformer，一种人工智能技术驱动的自然语言处理工具）的出现，似乎颠覆了人们以往对机器人的认知，其所能回答问题的范围、深度和准确度都大大拓宽和加强。2个月内，其用户达到1亿，打破了抖音9个月破亿的记录，它通过了律师、程序员、医师等考试，并且撼动了搜索公司在搜索方法上二十多年来"躺平"的局面：微软推出了结合ChatGPT的Bing，谷歌推出了Bard测试，百度也不甘落后地说将推出"文心一言"。更让人吃惊的是斯坦福大学计算心理学教授 Michal Kosinski 通过实验发现 ChatGPT 3.5 已经有了 9 岁孩子的心智水平。

　　ChatGPT 的确和我们平常所用的苹果的 Siri、亚马逊（Amazon）的 Alexa 或百度的小度不是一个量级，它对人们提出的多数问题都能给出有意义的回答。比如，我问它 2019 年发表的关于 RNA 二级结构预测的文章有哪些，它给出了如下几篇。

Fast and Accurate Prediction of RNA Secondary Structures by Deep Learning. Nature Communications, 10 (2019): 3514.

Exploiting Multiple Sequence Information for RNA Secondary Structure Prediction. Bioinformatics, 35, no. 4 (2019): 665–673.

RNA Secondary Structure Prediction with Convolutional Neural Networks. Nucleic Acids Research, 47, no. 3 (2019): e23.

Evaluating the Performance of RNA Secondary Structure Prediction Methods. Journal of Biomedical Informatics, 92 (2019): 103107.

　　虽然这其中没有我在 2019 年发表的文章，但从表面上看，回答得非常漂亮。令人惊讶的是，这些都是我没有听说过的文章。当我去查这些文献的时候，居然都是假的，页码也对应着不同的文章。显然，ChatGPT 是一个并没有真正理解句子意思的生成模型，从而产生了张冠李戴的现象。

　　我也问了 ChatGPT 关于 AlphaFold 2 高精度预测蛋白质结构成功的原因，它的回答如下。

　　AlphaFold 2 由 OpenAI 公司开发，是一种基于深度学习的蛋白质结构预测方法，在从氨基酸序列预测蛋白质的 3D 结构方面取得了前所未有的准确性。AlphaFold 2 的成功有几个原因，包括：

1. **大规模训练数据**：AlphaFold 2 是在超过 170 000 个蛋白质序列的大数据集上训练的，这使得它能够学习氨基酸序列和 3D 结构之间的模式和关系。
2. **深度神经网络**：AlphaFold 2 使用一种称为图形神经网络的深度神经网络来预测蛋白质的 3D 结构。该网络被设计为捕获蛋白质序列中氨基酸之间的关系及其在 3D 结构中的空间排列。
3. **迁移学习**：AlphaFold 2 利用迁移学习，这是一种深度学习技术，将从一项任务中学习的知识用于提高相关任务的绩效。该网络在一组大而多样的蛋白质上进行了预训练，然后对蛋白质结构预测任务进行了微调。
4. **多尺度预测**：AlphaFold 2 使用多个预测尺度，从预测蛋白质的整体折叠到预测每个氨基酸在 3D 结构中的精确位置。这使得它能够考虑蛋白质序列中不同水平的结构信息，并以高精度预测最终结构。
5. **准确的评估指标**：AlphaFold 2 使用许多准确的指标进行评估，包括全球距离测试（GDT），该测试测量预测结构与实验结构的准确性，以及蛋白质结构预测（CASP）评估框架的关键评估。

这些因素，加上先进的计算资源和算法，促成了 AlphaFold 2 在蛋白质结构预测方面的成功。该方法已经在蛋白质科学领域产生了重大影响，预计将在药物设计和蛋白质工程等领域有许多应用。

这里一个明显的错误是：AlphaFold 2 并不是 OpenAI 开发的。而后面提出的几个原因，前两个是似是而非、肤浅的原因，后三个明显是错误的。其实 AlphaFold 2 真正成功的原因是利用序列、结构大数据来端到端地、在神经网路内获取多同源序列与单个结构的关系，从而避免了不准确的能量函数。所以，离 ChatGPT 来代替科学家写综述文章还远，但是足够忽悠一些不知道内情的外行了。

那么，ChatGPT 来了，来的到底是什么？对于一些基础知识，它的描述（例如什么是 RNA 二级结构）还是相当正确的。但是，涉及更深一点的知识，就经不起推敲了，可能是更深一点的知识比较新，训练数据没有基础知识的多，导致了这个问题。也就是说，ChatGPT 可能会偏好数据量大的知识。这个问题也许会在更新的版本中随着新知识量的增加而有所改善。

ChatGPT 的另一大问题是它没有提供答案的来源。据说 Bing ChatGPT 会提供答案的出处，这将为校验答案的准确性提供路径。如果的确如此，Bing ChatGPT 将解决上面 ChatGPT 给出错误文献的问题。ChatGPT 和搜索结合起来将是搜索引擎的一个大进步。

总的来说，这是一个令人激动的时代，多个搜索引擎竞争的重启必将极大程度地改变目前搜索成功率低的问题。同时，所有知识在大模型里日益改进地提取将是创新的加速器，因为隔行不再如隔山。可以想象，这些大模型有一天将会通过模仿人类的创新能力，把它已经掌握的知识融会贯通，从而创造新知识。这个一旦实现，还需要我们这些科学家吗？

是的，还需要的。因为这些大模型还需要我们来提出问题。模型本身没有兴趣、爱好和追求，它需要有兴趣、爱好和追求的"人"去寻找问题、发现问题及提出问题，而它可以提供可能的解决方法和思路，这些方法和思路也需要人去进一步求证，所以科学家还不会马上失业。提出问题是科研进步的关键，一个新领域的开辟往往是在一个以前没有人认为有问题的地方发现问题。提出问题比解决问题更重要，即使问题不能马上被解决，但它总有一天会被解决的。蛋白质结构预测问题被提出已经有 60 年的历史了，是一步一步前进的。端到端 AlphaFold 2 高精度预测蛋白质结构的最终成功是建立在精度不是那么高的 RGN 和 NEMO 端到端预测方法上的。而如果没有无碎片蛋白质结构预测方法的开发，也不会有 RGN 和 AlphaFold 1 方法的诞生。开创性工作难是因为在无人区提出、发现新问题难。在下一代 ChatGPT 出现之前，是进一步提升批判思维和发现问题能力的时候了！

如何规划博士的职业和人生？

本文为深圳湾实验室博士后联谊会每月例会的主题分享内容，会议全程主要使用英语交流，我作为嘉宾首先围绕主题进行分享，然后大家自由提问。以下内容已经重新修改、翻译和整理。

今天见到大家，很高兴，因为你们选择做博士后，就已经在学术研究的道路上走出了正确的一步。当我在美国石溪分校读博士的时候，从来没有想过下一步，因为出国前在国内受到的训练是：工作是分配的，也没有听说过博士后。在我博士快毕业、对未来感到困惑的时候，我的朋友告诉我他在加州创业，问我是否愿意加入，于是我就去了那家公司，并在那里待了整整三年半。虽然公司发展得非常成功，我也成了实验室主任，但我意识到这并不适合我，做研究才是我的最爱，因为科研能让我时刻有新鲜感，总是在做以前没有做过的事情。我这才从博士后重新开始，又过了六年半才找到大学的职位。

在国内，博士后点往往要求两年出站。但是，两年不仅仅很难完成什么有份量的工作，而且没有足够的时间去发展自己独立工作的能力。我在读博时研究的是"简单液体的统计热力学"，而博士后做的是"蛋白质的动力学计算"。我非常受益于博士后期间进入新的研究领域对自己思维开拓的这个过程。而新旧领域的关联使我能够比较快地、以不同的视角和技能进入新领域，为今后开辟自己的研究方向做充分准备。博士后期间是学会自己进行独立研究的关键阶段。

在这个充满竞争和"内卷"的时代，战胜竞争的方法是拥有自己的想法，并在独特的小领域上有一席之地，获得同行的认可。也就是说，要学会引领，而不是跟随别人的步伐，只有领导者才会被人们铭记。我举个例子，2014 年前，蛋白质从头设计一直是通过能量函数来发现和优化能够折叠成指定结构的蛋白质序列。但是局限于没有准确的能量函数，成功率很低。于是我们课题组就另辟蹊径，寻求不用能量函数，而是通过 AI 神经网络来直接从结构预测序列。做这个基于 AI 的方法折腾了很久，因为那时深度学习算法还不存在，所以同时预测每个结构位置上的 20 种氨基酸概率的挑战非常大。我们不得不在设计特征上下大功夫，挑选训练数据时非常小心，最终实现了可泛化的、与当时基于能量函数的最佳方法比肩的原序列恢复度。这个基于 AI 的蛋白质设计方法是在一个小杂志上发表的，似乎不值一提，好几年也基本没有什么人引用。但谁能想到，由于这几年深度学习方法软件和计算机硬件的快速发展，以及 AlphaFold 2 在蛋白质结构预测上的革命性突破，基于 AI 的蛋白质设计成了不可阻挡的主流，并有望不久最终解决蛋白质设计这个重大问题。无疑,这个 2014 年的"0 到 1"原创需要超前的思考和探索,因为没有前人的步伐可以跟随。这也说明,解决问题虽然非常重要,但提出原先不存在的问题更具有挑战性。

所以在做未来研究计划的时候,一定要把自己的特殊优势和不一样的研究视角想清楚。博士后期间是思考这些问题的最佳时机,因为可以把百分之百的精力放在研究上。如果没有想清楚,就不要过早去大学开展独立研究。大学里的杂事太多,压力过大,无法全心全意去深入思考,很可能会导致一辈子在原来研究的基础上小打小闹,无法打开大的局面。我觉得博士后做两年是远远不够的,特别是生物方面的研究,那么复杂,那么多因素在起作用,又有那么多地方容易犯错。我当年做了六年半的博士后,相当一部分的原因是当时在美国作为一个亚洲面孔,又是做计算的,工作位置少。如果没有 1999 年发表的 *Nature* 论文,也许找不到合适的大学教职。但那段较长时间的博士后也为我独立后能够快速成长打好了基础,所以起跑线不是太重要,能够到达什么样的终点才是关键。我今天就介绍到这里,接下来大家可以有更多的时间提问。

问:项目设想是导师给的吗?如果导师没有好的设想怎么办?

我刚开始读博的时候,项目的设想都是导师给的,我实现了他的许多设想,但发现结果都与原来的设想相反,导致有一段时间,我一度认为自己不是做科研的料。导师对我非常好,主动让另外一个导师一起带我,这个新导师不再给我设想,只给我论文看,让我自己去想,没想到这样自由的方式更加适合我。在博士后期间,所有的设想都是我先提出来的。

现在在我们组里,研究方向和最初的想法都是导师提供的,但不能保证都是对的。解决挑战性科学问题的新设想应该都是这样的:挑战越大,风险越高。如何围绕这个初步想法进行研究,并在研究中发展及进行改进，甚至改变，这主要取决于个人的能力和团队的合作。所以同样一个项目，有的能够实现原来的目标，有的不能。导师主要是在大方向上指导，细节上需要一起摸索。回到你的问题，导师没有好的设想，这正是锻炼博士后的时候。充分利用一切可以利用的条件，向组内外的同事请教，批判性地看看文献，积极思考，不断思考，发现问题是产生自己创新设想的必要条件。

问：怎么才算是一个合格的博士生？

一个合格的博士生，我认为至少在一篇文章里面的大部分实验或者计算是自己做的，并且初稿是自己写出来的，而不是只做其中的一小部分，要拒绝做螺丝钉。要同时学会平行做几个项目，这是步入社会必须具备的能力。此外，在某些方面要超出导师的预期：例如遇到问题时，能够主动查找文献、和同学一起找原因，准备预案、和导师讨论；拿到数据时，要主动分析，而不是把原始数据直接交给导师；在组会时，能够主动提问；在同学遇到问题时，能够主动帮助，因为帮人就是帮己。所以在自学、思考和动手能力各方面的技能都要全面发展、主动出击。

问：做博士后你会优先考虑金钱，还是长经验、发高质量论文？更重要是在博士期间，我们应该去锻炼我们哪一方面的技能？

在选择做博士后的时候，金钱不应该最重要，虽然可以将它作为谈判的一部分。更重要的是这个位置对我下一步事业发展起多大的促进作用。发一篇高质量的论文虽然重要，但在这篇高质量的论文里你起的是不是主要作用？有没有扩大你的技能及知识面，能不能开拓你未来研究的思路为更多的创新埋下伏笔？也就是说，要从事业发展的长远角度看问题。在读博期间应该学习如何做研究，学习什么是创新；当你做博士后的时候，应该思考怎样有自己的创新，刚开始小创新也是好的，因为抛砖可以引玉。而且在这个过程中，至少对博士后结束之后，想研究的2～3个项目有比较清晰的思考和认识。

问：我在做博士期间参加了几个项目，但我只是参与这些项目的一部分，所以毕业之后非常困惑。在做博士后之后，我换成计算领域，领域变化大，压力也特别大，该如何面对新的挑战？

是很难，特别是领域变化太大了，相当于要重新拿一个博士学位，我一般不建议。找博士后的时候，虽然一定要离开自己的舒适圈，但也必须能够用上一部分自己原来的技能（50%），再学一部分新技能（50%），因为有交叉，才有创新。用上自己的一部分技能，才能让项目的进展比较稳妥。千万不要做和博士研究一模一样的课题，这样你学不到新知识，未来局限非常大，很难有更大的发展。

在研究时，为了增加成功的可能性，必须是2个或者更多项目同时上，因为我们无法预测哪个会成功，如果没有B计划、C计划，那么当A计划失败的时候，就死定了。所以我总是鼓励每个人都有几个项目，如果一个项目有问题，至少还有另一个存在希望，可以给你一点自信，也可以让你忙碌，没空去悲观。有多个项目，也会让你的导师更有耐心。回到你的问题上，你已经换成一个全新的方向了，也动动脑筋，是不是有什么办法利用一下以前的经验。

问：关于做与众不同的科研，是专注于一个领域还是多个方面？

当我开始做助理教授的时候，我先后启动了3个不同方向的项目。第一个项目是血红蛋白的分子动力学模拟，这是我博士后未完成工作的延续。第二个项目是在博士后发表的 Nature 论文的拓展，把非连续动力学的蛋白质折叠研究工作从粗粒化转成全原子模型。这两个方向都是博士后导师同意我带走的项目，毕竟都是我做博士后自己开拓的。第三个项目是全新方向：开发从蛋白质结构提取蛋白质统计能量函数的新方法。围绕第一个项目，我多次申请了基金，反复失败，在发表了一篇论文后就放弃了，我也永久性地离开了分子动力学这个领域。后两个项目，因为前期工作结果漂亮，两个都得到了 NIH 的资助。

通过第一个项目的失败，我也意识到一个项目能不能被资助，与这个项目所谋求解决的问题的重要性、复杂性和长期性相关。小问题是得不到资助的，格局要广大，影响要深远。所以，一开始的时候，需要有两三个不同方向的项目，都一起试试，因为并不是所有的项目都会成功。

问："独立思考能力"就是几个字，但是每个人的理解是不一样的。您是怎么理解这种思考能力的？

我认为培养独立思考能力的第一步是学会批判别人的工作。不要看到别人做了一个漂亮的工作，就认为这个领域已经做到头，没有什么可以做的了。事实上，往往相反，一个问题的解决常常会带来更多的问题。正如目前 AlphaFold 2 所解决的蛋白质结构预测这个问题，其实只是解决了一部分问题，更多的问题，如预测复合物结构可以去研究一样。

看文章更重要的是找局限、寻漏洞。讨论部分是一篇文章中最重要的部分，许多文章会讨论该工作的局限性、可能的解决办法，当然也有的人会企图隐藏方法的局限性，这就需要你去挖掘。发现工作的局限性就是培养提出问题的能力。提出问题比解决问题更重要，科研能力差的一个具体表现是看不到问题、提不出意见。

学会批判后的第二步是你能不能有办法解决该工作的局限性？这就是思考的开端、创新的起点。现在越来越多的工作特别注意包装，讲故事，不提不符合故事情节的结果，或者把它放在不起眼的附加材料里,所以和你工作直接相关的论文,一定要精读细看,因为在细节里面才能发现魔鬼,进行创新,找到突破点。

问:项目申请书主要看什么?

方方面面都要注意,包括问题的重要性、解决方法的创新点、具体的计划、过去工作的成果与所建议研究的关系等。这些必须写得尽可能简单易懂,同时必须在科学上描述准确,传达出独特的、与众不同的思路:这是一个前人从未做过的重要问题,或者是以全新的角度去探索一个旧的问题,所以他们必须给你经费来完成这个独特的研究。说实话,虽然在过去的20年,在美国、澳大利亚和中国我一直连续不断地获得基金资助,但我的总成功率并不高,靠不断地写来磨炼,失败是在为成长铺路。我现在还在学习怎样写好国内的项目申请书,已经多次失败,偶然成功。进步永远在路上。

问:做博士后,有人说第一站最好去欧美国家,用这种方式来布局未来,比留在中国做要收获更多,您怎么看这个问题?

如果是几年前,我会毫不犹豫地说,去欧美。但是现在情况不一样了,中国在不少领域已经赶英超美了。所以需要研究一下你所在的领域有哪些领袖型人物。无论他是在中国、美国还是欧洲,你需要寻找一个继续活跃在科研第一线的,而不是已经脱离第一线、影响力在下降的大人物。

同时他必须是一个真心诚意培养人才的导师。在网上找找他以前的学生都去哪里了,如果许多是去学术界了,这是好现象,表明他不会压制他的学生。无论是哪个国家,都会有优秀的、好的、一般的或者差的导师,也许各国的比例不一样,有的多点有的少点。正如有的家长用简单粗暴的方式把孩子养大,孩子长大之后,有较大的概率也会用简单粗暴的方式对待他自己的孩子,因为他只知道这个模式。一个导师带学生的方法常常受到他的导师的影响。我很幸运，在美国的时候，我的博士和博士后导师们都对我非常好，让我在自由探索中成长。所以我对我自己的学生、博士后，也是用同样的方式来培养。我认为只有自由、宽松的环境才能使一个人把他的潜力、他的主动性最充分地发挥出来。

当然在选择导师的时候，也要考虑自己的独立工作能力：在大课题组里面，你能得到导师的关注相对较少，主要靠自己；在小课题组里，你会得到更加具体的指导，但自由发挥的余地不大。主动性不强的人可能去压力大的课题组更合适，主动性强的人可能去压力小的组更能发挥潜力。因人而异，不能一概而论。

问：您说 2 年博士后太短，那么 4 年够吗？怎样才能开始独立呢？

作为一个博士后，如果你觉得，在你现在的导师那里已经学不到新知识、新技能的时候，就可以考虑开拓新课题，做点不一样的研究，甚至也可以考虑离开。不要把自己，或者让导师把你当作一个技术员，除非这就是你的目标。做科研可能是世界上最有趣的工作，因为我们在不断地发现新知识、解决新问题、创造新设想，总是在潮流的前面。有时可能会有压力，但它从不无聊。如果有了自己的独特思路，能够创新性地做一些有意义的事情，就可以考虑独立了。

问：毕业后在公司工作了 3 年多，会不会比一直在学术界的人晚了？

我从来不跟别人比较，有的人 30 岁就已经获得诺贝尔奖了，咱们怎么比（笑）？我只跟自己进行比较，是不是学到了新知识、掌握了新技能、提出了新设想、开辟了新方向。当我开始做助理教授的时候，因为我有三年半在公司工作，六年半做博士后，比一直在学术界奋斗的人晚了十年。虽然很努力，头两年我没有能够获得任何基金的资助，相比之下，其他几个与我同时入校的同事都拿到

NIH 经费了。我的系主任非常担心我会被淘汰，开始问其他系愿不愿意接收我。我顶住压力，依然努力爬行，没想到我在第三学年同时拿了两个 NIH 基金的资助。系主任马上提出让我提前申请升为终身副教授，两年后我又被聘为印第安纳大学终身正教授，因此原来输在起跑线的时间又补回来了。这不是我刻意去追求的，一切都是顺其自然发生的。

如果有人做得更好，我衷心地向他们祝贺，绝不嫉妒，因为不同的人有不一样的路，有的跑得快，有的走得慢。没有关系的，因为永远无法预言，走得慢的也许会有更好的在后头呢！大自然总是为不同的人准备着不一样的惊喜。我的博士后导师 Martin Karplus 曾经对我说，他不羡慕那些年轻就得诺贝尔奖的人，因为一旦得了诺贝尔奖，就会被其他事务所拖累，很难再做出重要的工作。他认为一直在研究的第一线是最幸福的。后来，Karplus 教授在 83 岁高龄获得了 2013 年的诺贝尔化学奖。所以我认为按照自己的节奏走是最好的选择。

问：找工作的时候，有些大学只看论文数和影响因子，怎么办？

现在国家正走在从"五唯"变成全面评估的路上，这个局面会慢慢改变。同时，你需要学会陈述自己的故事，你过去的贡献是什么？创新点在哪里？解决了什么大问题？带来了什么影响？未来要做什么？有没有独特的角度？我当年的 *Nature* 论文为我找到工作带来了决定性的影响，所以有高质量的工作还是非常必要的，因为容易被外行注意到。但这仅仅能帮你拿到面试，在面试里最主要的还是看你未来的研究计划是不是可行、有没有新意，能不能解决什么重大科学或者工程问题，会不会和自己的导师或者其他科学家有面对面的竞争。如果一个单位不理解你工作的重要性，也许这个单位不是你该去的地方。你要去的单位应该是一个理解、欣赏并重视你潜力的单位，一个有友好并且能够合作的同事的单位。

问：您亲自做科研和您现在带团队做科研对比，您觉得最大的区别是什么？在（向独立研究员发展的）过渡时期，我应该如何把我的本职工作做好，同时如何为下一个阶段做好准备？

我亲自做科研的时候，基本上是低头拉车；带团队做科研的时候，最重要的抬头看路，同时在学生做的工作上，每个细节要严格把关。在细节上要严格把关是我跟 Martin Karplus 做博士后时所学到的，他在写文章的过程中对每个计算的细节、每篇文献的引用都要搞得清清楚楚，不放过任何一个疑点，是最严格的审稿人。他告诉我科研出错误的地方很多，必须抓住细节，才能保证结论的正确，如果有说不清的疑点，不搞清楚不发表。所谓抬头看路，就是要把握好一个小领域里存在的问题和科研的动向，同时对其他有关联领域的动向也要有所把握，对过去要知根知底，对未来要有远见洞察。这个能力不是一蹴而就的，需要时间的积累和经验的沉淀。

所以读博的时候要知道每个做出来的细节，即使不是你做的，也要对每个细节了解得清清楚楚，能够自己重复；而做博士后的时候，不仅仅要知道细节，还要从大局上知道要解决什么问题，创新点是什么，怎样实现这些创新点，这些创新点的局限是什么，有没有什么补救的方法。一个合格的博士后应该主动思考和交流这些问题，一个优秀的博士后会补充和进一步优化原来的设想，并能够触类旁通：在同一个问题，以及不同的问题上发展出不一样的思路。也就是说，要超出导师的期望：他让你做 A，你能做到 B 和 C。一旦你做到了这一点，你就为下一个阶段独立工作做好了准备。

问：怎样平衡工作与生活？

我是在做博士后的时候结婚的，那时我太太在纽约州府奥尔巴尼的一所大学读 MBA 硕士，从波士顿到奥尔巴尼有 3 小时的车程。平时我工作非常努力，周末开车去奥尔巴尼。3 年后，1998 年，在没有准备的情况下，意外地有了大女儿。有了孩子后，经济收入的压力特别大，因为那时候美国博士后的工资是非常低的，一年只有两三万美元，只能住在两室一厅的廉价公租房，基本上吃光用光。1997 年我就开始找工作，但找了 2 年也没有结果，所以当时想再等一年，如果还是找不到学术研究工作，只能重新去找公司的工作了。还好，1999 年我发了一篇 Nature 论文，顺利地获得了多个聘用通知。总的来说，在博士后期间平衡工作与生活还是比较容易的，毕竟杂事少。

担任助理教授后，我刚开始拼命地工作，根本就没有什么生活。在第一年，很快我就觉得我的健康状况明显地变坏了，常常感觉精力不够、睡眠不足，又发现得了糖尿病。所以我对自己说："好吧，这种拼命状态必须调整，这是一场持久战，我不能倒在半路上。"我改变了工作方式：白天集中注意力、合理安排轻重缓急、提高工作效率；晚上回家，和家人好好生活，除非有时间期限的任务，尽量不把工作带回家。随着工作、生活习惯变得有规律，身体情况越来越好，工作也随之走上坡路了。我认为必须在生活中保持良好的平衡，爱上工作，享受生活，这是能够在困难中保持信心的好办法。我很幸运有我的太太一直在支持着我，这非常重要。我有两个女儿，她们带来了无穷的快乐，给我积极的人生观和工作的源动力。我有过许多挫折，只要挫而不折，就会等到胜利的一天。

问：您从中国到美国，再到澳大利亚，您喜欢这样动荡的生活吗？

我不是喜欢，是享受（笑），享受这个过程。生命是短暂的，不要待在同一个地方。作为一名游客，和作为一个住户相比，感觉是完全不一样的。新的环境，会让你感觉像是重生了。开阔眼界，走出舒适区，做一些不同的事情，生活会更有趣、更刺激。游民般的生活对我们两个女儿的成长也起了非常正面的作用，她们都说受益不浅。"世界这么大，应该去看看"。

问：我从未出国。我的一些朋友在国外学习了几年，就变得如此自信。为什么呢？

我认为这取决于个人。我也有许多不自信的时候，尽管我在美国多年。一般来说，美国孩子比中国孩子更有自信心，但也不完全是。这与教育方式很有关系，也与生活的压力有联系。中国仍然是一个发展中国家。一部分人致富太快、太容易了，导致另外一部分人更加焦虑，工作更加"内卷"，无法放松，一个不能放松去笑的人怎么能有自信呢？我认为需要有张有弛才能保持平衡，对工作、生活同样有激情，才是自信的源泉。在我读博、做博士后、任助理教授的时候都有过失败加失败、看不到隧道尽头、失去信心的时刻。想要变得有自信，去交一些有正能量的、有活力的朋友，给你加油鼓劲，不要和总是打击你自信心的人共事，远离经常抱怨连天的人。有一个支持你的"铁杆"家庭非常重要，保持工作、生活的平衡很关键。风水轮流转，不是不到，而是时机未到，机会属于能够坚持下去的人。

VI.

◇ 迎合读者期望
◇ 写作短训班
◇ 科技论文
◇ 英语

写好英语科技论文的诀窍

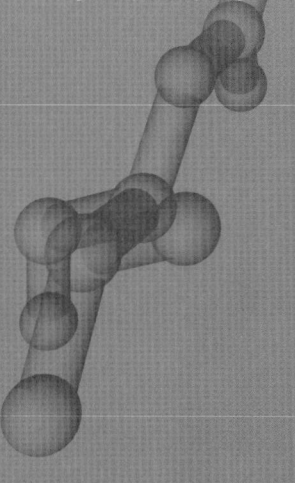

◇ 中心命题
◇ 审稿
◇ 表格和图表
◇ 段落
◇ 句子

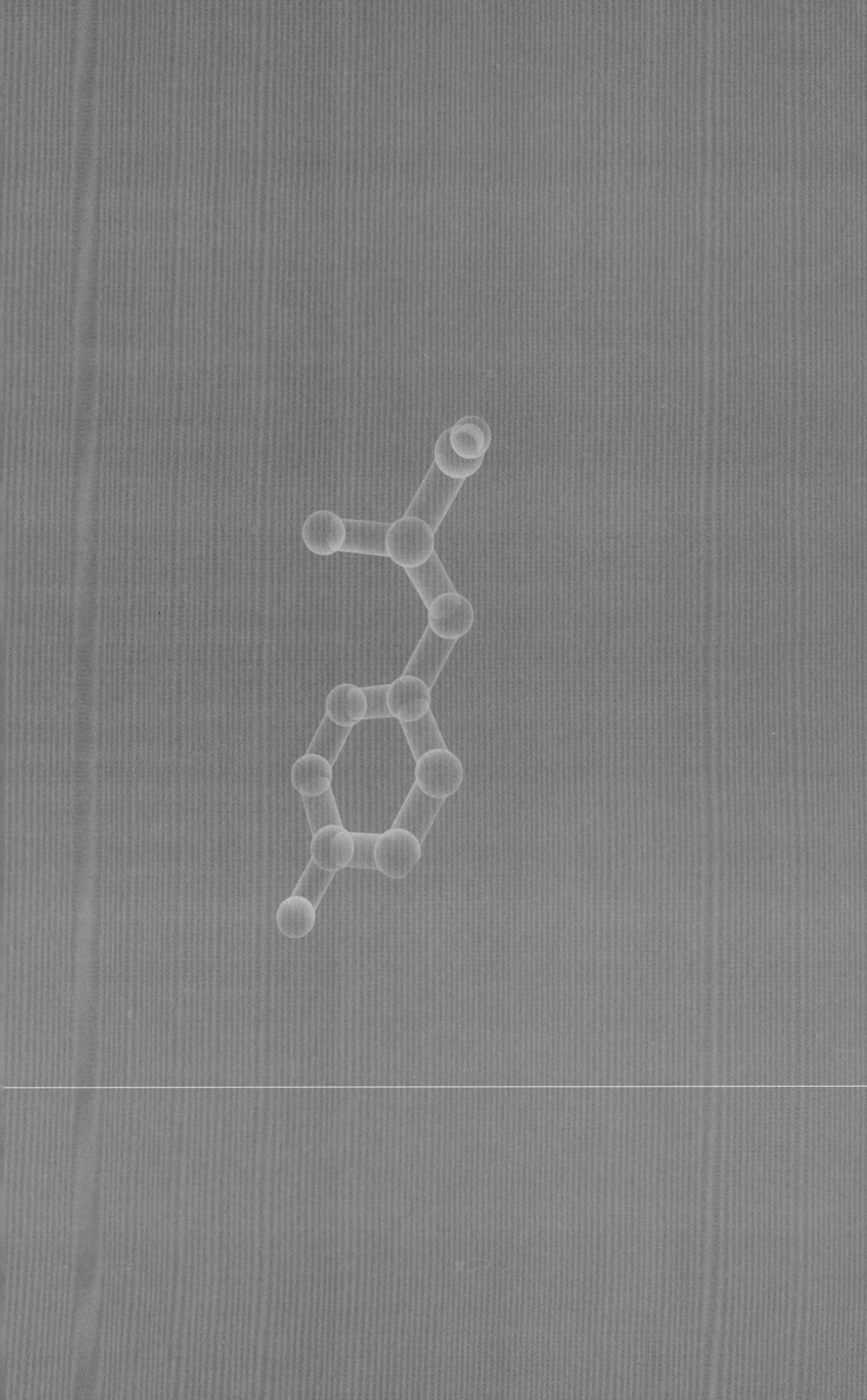

主动迎合
读者期望，
预先回答
专家
可能质疑

我的第一篇英语科技论文是把学士毕业论文翻译成英文。当我 1990 年从纽约州立大学博士毕业时，已发表了 20 多篇英语论文。但是，当时我对怎样写高质量科技论文的理解仍旧处于初级阶段，仅知道尽量减少语法错误。这是因为大多数时间我都欣然接受我的博士生导师 George Stell 和 Harold Friedman 的修改，而不知道为什么要那样改，也没有主动去问。这种情况一直持续到我去北卡罗来纳州立大学做博士后。我的博士后导师 Carol Hall 建议我到邻近的杜克大学去参加一个为期 2 天的写作短训班。这次由 Gopen 教授主办的短训班真使我茅塞顿开。第一次，我知道了读者在阅读中有他们的期望，要想写好科技论文，最有效的方法是要迎合他们的期望。这次写作课帮我成功地完成了我的第一个博士后基金申请，有机会进入哈佛大学 Martin Karplus 组。在哈佛大学的 5 年期间，在 Karplus 教授的指导下，我认识到一篇好的论文需要从深度、广度进行里里外外的自我审查。目前，我自己当了教授，有了自己的科研组，也常常审稿。我觉得有必要让我的博士生和博士后学好写作。我不认为自己是写作专家，我的论文也常常因为这样或那样的原因被退稿。但是我认为和大家共享我对写作的理解和我写作的经验教训，也许大家会少走一些我走过的弯路。

通常来讲，研究生和博士后从他的导师那里得到研究方向，经过多次反复实验，得到一些好的结果后，他们需要对得到的数据进行总结和分析，写成论文。一篇精心写作的论文更容易被高端杂志接受，而写得不好的论文很可能被退稿。论文的数量和质量是学生和导师事业发展的敲门砖，"不成文，便成仁"是学术生涯的写照。

很多学生以为结果到手的时候研究就结束了。他们写的草稿，常常把原始数据放在一起，没有对方法和数据进行详细分析，没有对当今论文的评述。事实上，写作是研究不可分割的一部分。此刻是弄懂方法的成功与失败、寻找结果的解释及其隐含的意义，以及与其他相关研究进行比较的时候。

我们为什么需要在写作上如此认真努力？原因很简单。一个研究结果只有在被别人使用时才有意义。而想被别人使用，文章必须能引起其他科学家的兴趣，而且得保证其他人能看懂并可以重复和再现你的结果。只有可以被理解的研究才会被重复，也只有可以被再现的工作才能被别人引用和跟踪。论文被引用的次数常常被用来衡量研究的影响力，从某种角度看，写作就像是把你的工作成果推销给其他的科学家。

为了更好地推销，科学论文必须满足它独特的顾客：由聪明能干的科学家组成的尖端读者。它必须能先说服同行们（通常也是竞争对手），因为他们的评审是文章在发表前的第一道关口。同时，也必须满足一般读者的要求。为了达到这个目标，我们首先要理解读者需要什么。

读者需要什么

你的文章的潜在读者可能有刚进入这领域的新手（大学生和研究生），也有专家（潜在审稿人），他们对你的领域会有不同程度的了解。因此，写文章的时候应该力求简单到可以被新手理解，同时深刻到可以引起专家的兴趣。

所有的科学家（无论是学生还是他们的导师）往往都很忙。大量期刊使他们不可能仔细阅读每一篇论文。他们通常希望能在最短时间内找到文章最重要的信息。典型的情况是如果文章标题不吸引人，他们或许就会跳过这篇论文，如果文章的摘要没有包含重要的新方法或新结果，他们不会去读这篇文章。即使已经决定要读的论文，他们也会跳过很多段落直接去找自己最感兴趣的地方。因此，保证文章的结构能使读者很快找到所需的信息非常重要。文章的关键在于结构，不在于语法。语法错误易改，结构错误则往往让人无从下手、不知所云。我审过一些国内同行的论文，结构问题很常见。

总之，一篇文章只有在不需花太大力气就可以理解的情况下才会被广泛地引用。文章清晰的关键就是使读者能在他们想找的地方找到他们需要的东西。这也就是说，要想让读者不费力地理解你的论文，你必须费力去满足他们的期望。

读者期望什么

1. 读者对句子的期望

（1）读者希望在句子的开始看到熟悉的信息。句子是文章的最小功能单元。最容易理解的句子是整句都在说读者知道的东西，但这对科技论文是不可能的，因为只有新的东西才会被发表。事实上科技论文通常会包含很多新术语。所以一个容易理解的句子应该从读者熟悉的信息（或刚刚提过的）开始而以新信息结束，并在它们之间平滑地过渡，好文章的所有句子都应该这样。帮助你写好一句开头的金科玉律是问问你自己："我以前有没有提过这个概念？"大多数文章很难读是因为很多新概念在没有被介绍之前就被使用了，例如：

Samples for 2-dimensional projection of kinetic trajectories are shown in Figure 7. The coil states are loosely gathered while the native states can form a black cluster with extreme high density in 2-dimensional projection plane.

这里从第一句到第二句信息无法流动。"the coil states"不知道是从何而来的。读者会发现下面改动后的句子更容易明白。

Kinetic trajectories are projected onto xx and yy variables in Figure 7. This figure shows two populated states. One corresponds to loosely gathered coil states while the other is the native state with a high density.

在这个新段落里，新插入的第二句使每句均能从旧信息出发到新信息结束。第一句与第二句之间以"Figure"相连，而第二句与第三句之间以"two states"相连。新信息"coil states"则出现在第三句的最后。整段环环相连，成为一个整体。再看一个例子：

The accuracy of the model structures is given by TM-score. In case of a perfect match to experimental structure, TM-score would be 1.

在第二个句子里，旧信息"TM-score"被埋在中间，被新信息"a perfect match to experimental structure"打断了。这里建议修改如下：

The accuracy of the model structures is measured by TM-score, which is equal to 1 if there is a perfect match to the experimental structure.

科技写作中的最大问题就是新旧信息顺序颠倒。新信息和旧信息对作者来说可能不是很好区分，因为他非常熟悉所有的信息。为了避免这种问题，不管什么时候，每当你开始写新句，你应该问问自己，这些词在前面有没有被提到过。一定要把提到过的放前面，没提过的放后面。

（2）读者想在主语之后立刻看到行为动词。对一个说明"谁在做什么"的句子，读者需要找到动词才能理解。如果动词和主语之间相隔太远，阅读就会被寻找动词打断，而打断阅读就会使句子难以理解。这里有个例子：

The smallest URFs (URFA6L), a 207-nucleotide (nt) reading frame overlapping out of phase the NH2-terminal portion of the adenosine triphosphatase (ATPase) subinit 6 gene has been identified as the animal equivalent of the recently discovered yeast H+-ATPase subunit 8 gene.

同样的句子，将动词放在主语之后：

The smallest of the URFs is URFA6L, a 207-nucleotide (nt) reading frame overlapping out of phase the NH2-terminal portion of the adenosinetriphosphatase (ATPase) subinit 6 Gene; it has been identified as the animal equivalent of the recently discovered yeast H+-ATPase subunit 8 gene.

这样新的句子就更加平衡了。尽量避免过长的主语和过短的宾语，这就像头重脚轻的人很难站稳。短的主语紧跟着动词加上长的宾语效果会更好。

（3）读者期望每句只有一个重点，这个重点通常在句尾。比较下面两个句子，我们可以感觉到它们着重强调不同的东西。

URFA6L has been identified as the animal equivalent of the recently discovered yeast H+−ATPase subunit 8 gene.

Recently discovered yeast H+−ATPase subunit 8 gene has a corresponding animal equivalent gene URFA6L.

很明显，前面的句子主要讲一个最近发现的酵母基因，第二句则着重强调了它有一个和动物一致的基因。看另外一个例子：

The enthalpy of hydrogen bond formation between the nucleoside bases 2−deoxyguanosine (dG) and 2−deoxycytidine (dC) has been determined by direct measurement.

这个句子看起来好像是在强调"direct measurement"，不太像是原作者的目的。颠倒一下会使句子更加平衡。

We have directly measured the enthalpy of hydrogen bond formation between the nucleoside bases 2−deoxyguanosine (dG) and 2−deoxycytidine (dC).

新的句子更简单而且更短，同时避免了头重脚轻的问题。总之，句尾是读者对该句最后的印象。把最好的、最重要的和想要读者记住的东西放在句尾。

2. 读者对段落的期望

每个段落都应该只讲一个故事。在一段里表述多个观点会使读者很难知道该记住什么、这段想表达什么。一段的第一句要告诉读者这一段是讲什么的，这样读者想跳过这段就可以跳过。一段的最后一句应该是这段的结论或者告诉读者下一段是什么。段落中的句子应该由始到终通过逻辑关系连接，实现由旧信息到新信息的流动。比如这一段：

The enthalpy of hydrogen bond formation between the nucleoside bases 2–deoxyguanosine (dG) and 2–deoxycytidine (dC) has been determined by direct measurement. dG and dC were derivatized at the 5 and 3 hydroxyls with triisopropylsilyl groups to obtain solubility of the nucleosides in non-aqueous solvents and to prevent the ribose hydroxyls from forming hydrogen bonds. From isoperibolic titration measurements, the enthalpy of dC: dG base pair formation is –6.650.32 kcal/mol.

很难知道作者在这段里想表达什么。从这段的起始和结束看来，焓（enthalpy）应该是他想表达的重点。下面是重新组合后的段落。

We have directly measured the enthalpy of hydrogen bond formation between the nucleoside bases 2–deoxyguanosine (dG) and 2–deoxycytidine (dC). dG and dC were derivatized at the 5 and 3 hydroxyls with triisopropylsilyl groups; these groups serve both to solubilize the nucleosides in non-aqueous solvents and to prevent the ribose hydroxyls from forming hydrogen bonds. The enthalpy of dC: dG base pair formation is –6.650.32 kcal/mol according to isoperibolic titration measurements.

首句描述了整段的主题。原段里的第一句颠倒是为了：① 使新信息 "dG" 和 "dC" 在句子最后并强调它们。② 更好地跟下面一句衔接。原段里的第二句被分成两部分，这样每一部分只表达一个观点。最后一句时总结整段。再看另一个例子：

Large earthquakes along a given fault segment do not occur at random intervals because it takes time to accumulate the strain energy for the rupture. The rates at which tectonic plates move and accumulate strain at their boundaries are approximately uniform. Therefore, in first approximation, one may expect that large ruptures of the same fault segment will occur at approximately constant time intervals. If subsequent main shocks have different amounts of slip across the fault, then the recurrence time may vary, and the basic idea of periodic main shocks must be modified.

在这个例子里，前两句共同阐明了积累张力的速度（rate of strain accumulation）。然而，第一句里的旧信息并没有放在第二句的开始。读者读到第三句的时候通常就不明白这段到底要讲什么了。更清晰的描述如下：

Large earthquakes along a given fault segment do not occur at random intervals because it takes time to accumulate the strain energy for the rupture. The rates of strain accumulation at the boundaries of tectonic plates are approximately uniform. Therefore, nearly constant time intervals (at first approximation) would be expected between large ruptures of the same fault segment. [However?], the recurrence time may vary; the basic idea of periodic main shocks may need to be modified if subsequent main shocks have different amounts of slip across the fault.

现在新段落着重阐明了地震的发生频率。很明显，新旧信息的连接是理解这段的关键。从旧信息到新信息的流动是使读者轻松阅读的最佳方式。写文章的目的不是去测试读者的阅读能力，而是考验作者的表达能力。不能怪人没看懂，只能怪自己没写清楚。常常听到这样的抱怨：那审稿人连这都不懂！审稿人也可以说：连这个也写不清楚。

3. 读者对表格和图示的期望

一些没有耐心的读者会直接通过图表来判断一篇文章是否值得一读。怎样能使读者不需读正文就能理解图表是至关重要的。

对于表来说，由于我们是从左向右阅读的，我们熟悉的信息应该出现在左边，而新的信息应出现在右边。例如，下面列出的表1和表2是仅仅调换了两列。比较一下哪个表格更易理解。

表1

Temp (℃)	Time
25	0
27	3
29	6
32	12
32	15

表2

Time	Temp (℃)
0	25
3	27
6	29
12	32
15	32

显然因为我们更熟悉时间作为独立变量，表2就比表1容易读些。做表的另一条规则是把最好的留在最后。也就是最能使人感兴趣的结果应该放在最右边一列或最后一行，因为这些地方是读者结束阅读并能留下印象的地方。下面的例子比较了各种方法的精度，最后一行展示了现在得到的结果。

表3

Benchmark Method	SALIGN Alignment	Lindahl MaxSub	PROSPECTOR 3 MaxSub	LiveBench 8 MaxSub
SPARKS	53.1%	325.9	529.0	38.3
SPARKS2	54.9%	341.0	591.0	40.7
This work	**56.6%**	**349.2**	**601.9**	**42.2**

对于图，我们至少应该对所有的标签（数字、坐标、说明）使用大的黑体字体，只画出重要的区域，尽量不用彩色就能使曲线达到最大的区分度。

这是我喜欢的一幅图，它说明了一些画图的原理。对自己的工作用实线表示而对别人的工作用点画线表示。间隔使用实心和空心符号来使曲线之间的不同更加明确。详细对 X 和 Y 坐标进行说明，标题不采用缩写。

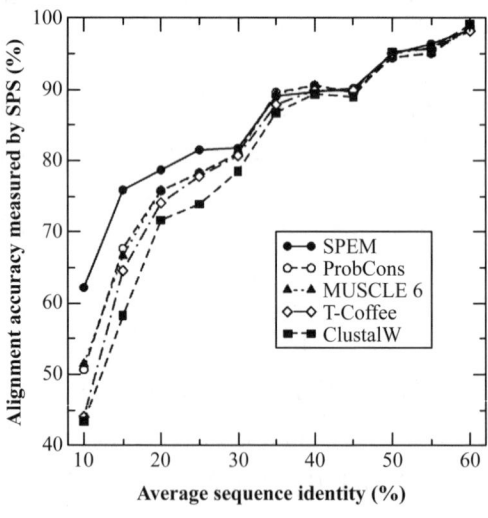

Fig.3 Alignment accuracies (measured by SPS) as a function of average sequence identity given by methods SPEM, ProbCons, MUSCLE 6.0, T-Coffee and ClustalW, shown as labeled. Each point is represented by the lower bound of sequence identity at each bin.

审稿人要什么

文章在发表前必须经过审稿人的评审。审稿人一般是相关领域的专家甚至是你的竞争对手，他们会尽力寻找你文章中的毛病。有时，由于不同的观点和竞争的需要，审稿人或许会试图阻止你的文章发表。因此，文章必须写得理由充足。在被别人挑剔之前，自己必须首先鸡蛋里挑骨头，预先回答审稿人的可能质疑。

怎样满足审稿人

第一，只提出一个中心命题。论文里的观点太多，不但不好写，问题也容易多，读者也不易记住你要说什么。

第二，在这个中心命题的基础上，用一个迷人（但决不能夸张）的标题来引起审稿人的兴趣。审稿人只审读感兴趣的论文。如果你不能引起审稿人的兴趣，那最好不要发表那篇文章。编辑们有时候会很郁闷，因为找不到有兴趣的审稿人。无偿审稿也只有科学界才有。

第三，合理解释每一个参数，合理说明每一个步骤。审稿人没时间考虑细节，程序和参数的合理化显示出你知道你在做什么，而不是凑数据。即使你是在凑数据，也要把凑数据的过程合理化。没理由要找理由，有理由要强调理由。

第四，问问你自己是否提供了足够重复你工作的所有细节。审稿人（或读者）越容易再现你的工作，他就越可能接受你的文章。当然，审稿人并不会真正去重做你的工作，但你必须通过你的描述使他相信可以重复。

第五，必须有说服力，尽量做彻底而不是"半成品"的工作。用多方面测试来证明你的中心命题。要使文章像律师作无罪辩护一样，预先回答一切可能的疑问。

第六，引用所有重要的研究工作，特别是经典力作。写作时候要再做全面的文献检索。

为了达到这些目标，写科学论文的时候必须遵照一定的框架结构。

1. 文章的结构

典型的科学论文包括标题、摘要、引言、方法/实验步骤、结果、讨论、致谢和参考文献。这样的结构用来帮助读者快速找到他们感兴趣的信息。把信息放错地方会使读者糊涂，常见的错误是混淆事实（结果）和解释（讨论）。讨论是对结果的解释及说明它的意义，而不是重复对结果的描述。

一篇论文是从摘要、引言开始的，但建议从方法和结果部分开始写，因为你对方法和结果最熟悉，此外只有更好地理解方法和结果，才能确定中心命题，而标题、引言和讨论的写作都需要中心命题。我们应该从最熟悉的事情开始，就像读者从他们最熟悉的地方开始理解一样。

2. 方法/实验步骤

如果文章涉及新的方法、技术或算法，要非常详细地写出它的新颖之处。要用有逻辑的、合理的方式来描述它，这会帮助读者抓住新方法的要领。如果这个方法使用参数，则要把每一个参数（或参数的取值）合理化，或者是以前用过的，或者可以用物理或数学方式推导出来，或者通过了广泛的测试及优化。如果无法保证它的合理性，那就必须描述改变它会造成的影响（实际的结果应该在结果部分或讨论部分，方法部分仅包含影响的描述）。如果没有测试它们的合理性，你应该解释为什么（做的成本太高了？太费时间了？或者需要延期到将来做）。参数改变造成的影响可以衡量方法是否具有稳健性。稳健的方法应该是在参数改变很大的时候结果也不会有太大变化。

对于新方法的发展，你同样需要设计不同的方法来测试。让人信服就需要做尽可能多的测试。你所能找到或设计的测试越多,你的工作就越会被其他人所接受和使用。

当完成了方法部分以后,问一问自己以下问题:① 新的术语是不是都定义了?② 如果你是第一次读这部分,你能否得到重复整个工作的所有信息?记住,不要隐藏任何窍门或使用的捷径。人们如果不能重复你的结果,就不会相信你的论文。永远不要弄虚作假!别人不是傻子,一山更比一山高,聪明的大有人在。不要伪造数据,心存侥幸不会被人发现。如果真的没人发现,那就意味着没有任何人想重复或使用你的结果,那只能说明你的结果根本不值得发表,毫无意义。若要人不知,除非己莫为,这是真理。

3. 结果部分

当你开始写结果部分时,先考虑一下结果的意义。也就是说,你理解你的结果吗?这些结果是不是告诉了你更深刻的东西?你能从不同角度来理解结果吗?你能设计证明或者反驳你的一些解释的新测试吗?

如果你发现了新现象,你必须证明你的结果不是你的方法造成的(这是讨论部分的一个好内容)——它可以在不同的条件下重复吗?如果你发展了一个新方法,你必须证明这个方法的重要性——它是否改进了现有的方法?你的结果部分必须用不同的角度或多重测试来支持新发现或验证新方法的重要性。

一旦你对结果有更好的理解,你需要决定"卖点",也就是说这篇文章最有意义的一个观点是什么。确定这篇文章的中心命题之后要组织所有的段落来证明、支持它,用数据(有必要的话再增加数据)来证明它,同时也要排除其他可能性。放弃与中心命题无关的数据,即使这些数据是很辛苦得来的。

4. 标题

当你有了中心命题之后,就该决定文章的标题了。标题可以为你的方法、你的结果或结果的隐含意义"做广告"。标题就是用一句话来概括你的文章，应该把最重要、最吸引人的信息放进标题。比如，标题"Steric restrictions in protein folding: an alpha–helix cannot be followed by a contiguous beta–strand"主要突出了结果，标题"Interpreting the folding kinetics of helical proteins"突出了结果的含义。用标题"Native proteins are surface–molten solids: Application of the Lindemann criterion for the solid versus liquid state"的话，同时突出了方法和结果的含义。注意标题"Native proteins are surface–molten solids"是结果的解释，而不是结果本身。用既广泛又具体的标题，这样才能吸引更多的读者。

5. 引言部分

中心命题和标题都决定了以后，就该写引言了。第一件该做的事就是围绕中心命题来收集所有相关文献。搜索并研究所有最近和相关的文章（通过对中心命题关键字的搜索或用引用索引），确认你有所有最新的论文，引用所有重要的文章。如果你不引用别人的文献，别人也不会引用你的！如果你想谁引用你的工作，你要先引用他的。你引用的文章越多，他们越可能阅读并引用你的文章，因为人们更加关注引用他们文章的论文。仔细读你所引用的文章，避免引用错误。在引用上，不要偷懒。

引言的第一句最难写，因为它决定了你整个引言的走向。我的办法是把第一句和文章的标题连起来。在第一段以最基本和常见的术语来定义标题里用的一些术语。从这个术语出发，引入研究的领域和它的重要性。第二段应该对这个研究领域作一个鉴定性的论述。如果中心命题是关于解决一个问题的方法，这一段就应该指出当前研究中尚未解决的问题，并描述解决这个问题的难度或挑战。第三段引入你提出的办法和它大致会带来什么效果，此处你可以大致地描述你的结果和它的含义。这里有个例子。

Assessing <u>secondary structure</u> *assignments* of protein structures by using pairwise sequence-alignment benchmarks

The <u>secondary structure</u> of a protein refers to the local conformation of its polypeptide backbone. Knowing <u>secondary structures</u> of proteins is essential for their structure classification[1,2], understanding folding dynamics and mechanisms[3-5], and discovering conserved structural/functional motifs[6,7]. <u>Secondary structure information</u> is also useful for sequence and multiple sequence alignment[8,9], structure alignment[10,11], and sequence to structure alignment (or threading)[12-15]. As a result, predicting <u>secondary structures</u> from protein sequences continues to be an active field of research[16-18] fifty six years after Pauling and Corey[19-20] first predicted that the most common regular patterns of protein backbones are the α–helix and the β–sheet. <u>Prediction and application of protein secondary structures</u> rely on prior *assignment* of the secondary-structure elements from a given protein structure by human or *<u>computational methods</u>*.

Many *<u>computational methods</u>* have been developed to automate the assignment of secondary structures. Examples are DSSP, STRIDE, DEFINE, P–SEA, KAKSI, P–CURVE, XTLSSTR, SECSTR, SEGNO, and VoTAP. <u>These methods</u> are based on either the hydrogen-bond pattern, geometric features, expert knowledge or their combinations. However, <u>they</u> often **disagree** on their assignments. For example, **disagreement** among DSSP, P–CURVE, and DEFINE can be as large as 25%. More beta sheet is assigned by XTLSSTR and more pi-helix by SECSTR than by DSSP. The **discrepancy** among different methods is caused by <u>non-ideal configurations</u> of helices and sheets. As a result, defining <u>the boundaries</u> between helix, sheet, and coil is problematical and a significant source of **discrepancies** between different methods.

Inconsistent assignment of secondary structures by different methods highlights the need for a criterion or a benchmark of "standard" assignments that could be used to assess and compare assignment methods. One possibility is to use the secondary structures assigned by the authors who solved the protein structures. STRIDE, in fact, has been optimized to achieve the highest agreement with the authors' annotations. However, it is not clear what is the criterion used for manual or automatic assignment of secondary structures by different authors. Another possibility is to treat the consensus prediction by several methods as the gold standard. However, there is no obvious reason why each method should weight equally in assigning secondary structures and which method should be used in consensus. Other used criteria include helix-capping propensity, the deviation from ideal helical and sheet configurations, and structural accuracy produced by sequence-to-structure alignment guided by secondary structure assignment.

In this paper, we propose to use sequence-alignment benchmarks for assessing secondary structure assignments. These benchmarks are produced by 3D-structure alignment of structurally homologous proteins. Instead of assessing the accuracy of secondary-structure assignment directly, which is not yet feasible, we compare the two assignments of secondary structures in structurally aligned positions. We assume that the best method should assign the same secondary-structure element to the highest fraction of structurally aligned positions. Certainly, structurally aligned positions do not always have the same secondary structures. Moreover, different structure-alignment methods do not always produce the same result. Nevertheless, this criterion provides a mean to locate a secondary-structure assignment method that is most consistent with tertiary structure alignment. We suggest that this approach provides an objective evaluation of secondary structure assignment methods.

在这个例子里,标题推荐了一个评估指派蛋白质二级结构的方法。第一段以二级结构的定义开始(与标题相连),整段描述了二级结构的重要性,最后一句过渡到指派二级结构的计算方法(下一段的主题)。注意"计算方法"放在句子的最后是为了强调而且和第二段的开始连接在一起。第二段则聚焦在计算方法中存在的问题。旧信息"计算方法"逐渐地变成了"它们的不一致"。第三段的第一句把主题从"不一致"(旧信息)转变成了"评估的办法"(新信息)。然后,介绍了这个领域已有的工作。第四段引入新方法并讨论了新方法的优点。第五段(这里没有给出)将会简要地讨论结果。每一段引言应该包括研究领域的介绍和意义、做这项工作的具体原因、结果和隐含的意义。一般而言,读者读完引言,对论文的来龙去脉就应该清清楚楚了。

6. 讨论部分

现在到了你写论文的最后一部分。很多人认为讨论部分最难写,他们常常不知道该写什么。学生常常不能把结果从解释、含意和结论中分离出来。此外,他们不善于思考可能存在的其他解释。好的讨论通常以得到的结果和解释的评论开始。其他可用于讨论的内容有:参数改变对结果的影响,与其他研究相比还有待解决的问题,将来或正在进行的工作(注意防止别人从事你显而易见的、立刻就能实现的后续工作)。这里有一段文章中的讨论部分。

One question about the complex homopolymer phase diagram presented here is whether it is caused by the discontinuous feature of the square-well potential. We cannot give a direct answer because the DMD simulation is required to obtain well-converged results for the thermodynamics. However, the critical phenomena predicted for a fluid composed of particles interacting with a square-well potential are as realistic as those predicted for a fluid composed of particles interacting with a LJ potential. Also an analogous complex phase diagram is found in simulations of LJ clusters. The present results for square-well homopolymers may well be found in more realistic homopolymer models and even in real polymers.

这一段探究了可供选择的解释。

7. 摘要部分

整篇文章写完了,你需要写文章的摘要了。典型的摘要包括课题领域的重要性(回到标题)、要研究的问题、你的方法的独特性、结果的意义和影响。这里有个例子。

How to make an objective assignment of secondary structures based on a protein structure is an unsolved problem. Defining the boundaries between helix, sheet, and coil structures is arbitrary, and commonly accepted standard assignments do not exist. Here, we propose a criterion that assesses secondary-structure assignment based on the similarity of the secondary structures assigned to structurally aligned residues in sequence-alignment benchmarks. This criterion is used to rank six secondary-structure assignment methods: STRIDE, DSSP, SECSTR, KAKSI, P−SEA, and SEGNO with three established sequence-alignment benchmarks (PREFAB, SABmark and SALIGN). STRIDE and KAKSI achieve comparable success rates in assigning the same secondary structure elements to structurally aligned residues in the three benchmarks. Their success rates are between 1%−4% higher than those of the other four methods. The consensus of STRIDE,

KAKSI, SECSTR, and P-SEA, called SKSP, improves assignments over the best single method in each benchmark by an additional 1%. These results support the usefulness of the sequence alignment benchmarks as the benchmarks for secondary structure assignment.

前两句陈述了问题,第三句提出了解决办法,这些句子后面跟着结果。整个摘要以总结收尾。

总结

1. 认真对待写作。尽你最大努力花时间写作,它是科学研究的重要一环。文章没写好,没人看,没人用,等于没发表。
2. 除非这个研究是全面彻底的,而且你试了所有可以支持你结论的方法,否则不要去发表。
3. 重新思考,并合理解释:为什么做这项工作,做了什么,什么是最重要的发现?为什么用这个方法?为什么用这些参数?什么是以前做过的(更新文献搜索),不同在什么地方？

4 要从批判的角度来看你的工作，想一想别人会怎样来挑毛病。只有这样，才能找到弱点，进一步发展。我的许多论文是在反复讨论中进行大幅度修改的，许多计算经常要重做。只有理顺和理解结果，文章才会更有意义。

5 要能回答所有合理的质疑。如果你自己有疑问，一定要搞清楚，否则别人又怎会相信？不要轻易相信得到的革命性发现。

6 不要隐藏任何事实，不做假，不要低估其他科学家的智慧。让你的研究可重复，把所有的材料和数据上网。

7 从头（标题）到尾（结论或讨论）要从旧信息过渡到新信息。永远不要在句子的开头引入新信息，切忌在术语被定义之前使用它们。

8 照抄别人文章里的句子是不道德的。这暴露出作者不愿思考、只走捷径，不是一块真正做科学家的料。同时抄来的句子常常会打断文章中原有信息的流通，不利于读者对文章的理解。一定需要用别人的原句，就必须用上引号，并引用该文献。

9 段首要有阐明整段主题的句子，段尾要有连到下段的过渡句。从标题到结论都要连贯，句句相扣，段段相连，让一篇论文是一个整体而不是杂乱无章地把句子堆积在一起。这样才能使读者阅读你的文章成为享受。

10 写，重写，再重写。没有人能第一次就写好一篇论文，不花时间、不下功夫，写不好。我的文章一般要修改 10 次以上。

| 2007年 6月5日 | 写于 美国印第安纳州 |

感谢

此文中的一些例子出自《科学与写作》(G. D. Gopen and J. A. Swan. The Science of Scientific Writing. American Scientist, 1990, 78: 550-558). 我在杜克大学参加 Gopen 教授 1995 年开办的年度短训班受益匪浅。我要特别感谢我的导师 Martin Karplus（哈佛大学）、George Stell（纽约州立大学石溪分校）、Harold L. Friedman（纽约州立大学石溪分校）和 Carol Hall（北卡罗来纳州立大学）的鼓励和指导。没有他们，我不会有那么多机会练习英文写作。最后，我要感谢我的学生和博士后。他们对科学的贡献使我可以继续写论文、基金申请,或评论。此文中的一部分例子来自与他们合作的文章。此文初稿是用英文写的,特别感谢徐贝思帮我将其翻译成中文初稿,如果有不妥,请多指教。此文在网上出现以后得到不少关注,特别感谢赵立平教授的建议,以及网友们的指正和鼓励。

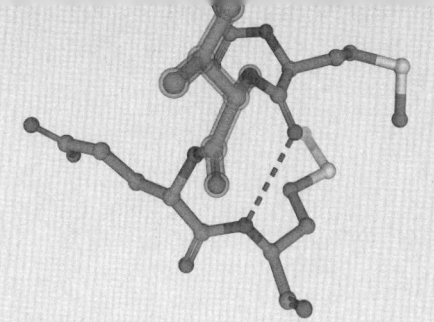

后记

  这本基于我 2010 年 9 月开始撰写的科学网博客的书稿终于完成了。它从我个人成长的旅程开始，到人生的故事、科研的体会、政策的评述，再到问题的回答。虽然有的文章是 10 多年前写的，但是其中多数内容对于现在还是有参考价值的。例如，当年第一篇博客文章"克服恐惧，大胆走出自己研究方向的舒适区"所描述的恐惧，依旧是许多研究人员，包括做科研的同学们的恐惧。

  我是一个出身于普通人家的普通人，由于几本书的启发、时代的机遇，竟糊里糊涂地走上一条曲折的、努力向上的路。正如我当时进入中国科学技术大学后所发现的那样，世界上比我聪明、能干的人比比皆是，但每个人都有自己的强项，找到自己的兴趣和真爱，并在这个过程中无论遇到多大的困难都保持乐观、自信，一直坚持下去，就能实现古人所说的"天生我材必有用"。我能，你一定也能！

我个人成长中的每一步，都受到了家人、朋友、同学、导师、同事、博士后以及学生的帮助。孔子说"三人行，必有我师焉"，这是千真万确的。这些年来，在我的工作中，我从周围接触到的大多数人身上学到了新知识和新技能。从2000年6月开始有自己的课题组，到2023年回国，和我一起工作的有博士后25人、访问学者15人、博士生13人和访问学生17人，他们中的许多人现在都已经有了自己的课题组，在世界各地发出自己的"光芒"。在科研事业发展上的每一步，我都有幸遇到这些优秀的博士后、学生或访问学者，完全可以说是他们的努力成就了现在的我，是他们的知识让我能够持续不断地扩展研究的领域和范围，对此我永远感谢和感恩。由于篇幅的局限，书中只提到了部分人的名字，实在抱歉。

最值得一提的是我的太太袁汇，在过去的近三十年里，她跟我从美国波士顿、布法罗、印第安纳波利斯、澳大利亚黄金海岸，再到国内深圳，搬了四次家。每一次的搬迁都是她牺牲自己的事业来迁就我的任性。她无条件的支持和永远的耐心是我屡败屡战、坚持不懈的动力。这次回到国内，她又毫无保留地跟我一起回来，事业清零重新开始，这本书是献给她的。值得一提的是：这次回国，无论对她还是对我，完全不是叶落归根，也不是人生故事的尾声；恰恰相反，过去的一切仅仅是一个前奏，真正的故事才刚刚开始。

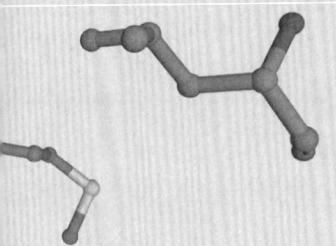

于深圳光明
2024年1月